工业机器人焊接应用

主　编　陈国兴

主　审　韦　森

副主编　韦真光　刘晓辉

参　编　汤一帆　邱贤宁　谢旺盛
　　　　胡新德　赵　国　覃世强
　　　　韦柳毅　黄　毅　唐　豪
　　　　汪银春

现代教育出版社

图书在版编目（CIP）数据

工业机器人焊接应用 / 陈国兴主编. —北京：现代教育出版社，2014.7

ISBN 978 - 7 - 5106 - 2224 - 3

Ⅰ.①工⋯ Ⅱ.①陈⋯ Ⅲ.①工业机器人—焊接机器人—教材 Ⅳ.①TP242.2

中国版本图书馆 CIP 数据核字（2014）第 141574 号

工业机器人焊接应用

主　　编	陈国兴
责任编辑	刘　杰

出版发行	现代教育出版社
地　　址	北京市朝阳区安华里 504 号 E 座
邮政编码	100011
电　　话	（010）64244927
传　　真	（010）64251256

印　　刷	三河市文阁印刷有限公司
开　　本	787mm×1092mm　1/16
印　　张	11
字　　数	282 千字
版　　次	2014 年 7 月第 1 版
印　　次	2014 年 7 月第 1 次印刷
书　　号	ISBN 978 - 7 - 5106 - 2224 - 3
定　　价	27.50 元

前　言

　　《工业机器人焊接应用》是根据国家职业标准和企业岗位能力要求，与行业、企业专家一起详细分析了实际工作过程，以此梳理并归纳出学习性的工作任务，在此基础上以典型的学习性工作任务为课题任务，以具体的工作过程为课题内容，以实际的工作环境为课题背景而编写的。本书编写采用理论与实践一体化的编写模式，学习目标明确，项目任务清晰，相关知识遵循"必需与够用"原则，把相关理论知识及方法的学习和工作任务的实施这两个环节与过程有机结合在一起，突出了学生专业技能、职业能力的培养，体现"以学生为主体、以职业需求为导向"的教育观，具有较强的针对性和实用性。本书主要具有以下特点：学做结合，形式与结构新颖；任务典型，过程完整，安全与质量并重；理论适用，技能突出，步骤与方法明确；图文并茂，通俗易懂，授课与自学容易。

　　本书既可作为中等职业院校的教材，又可作为在职职工岗位培训和自学用书，有很强的适用性。

　　本书由陈国兴任主编，由韦真光、刘晓辉任副主编，汤一帆、邱贤宁、谢旺盛、胡新德、赵国、覃世强、韦柳毅、黄毅、唐豪、汪银春任参编。全书由韦森统稿和主审。

　　由于编写时间仓促，书中难免有不足之处，敬请广大读者提出宝贵的意见和建议，以便修订时加以完善。

编　者

目　录

绪 论

机器人的英文名称是"Robot"，最早的意义是像奴隶那样进行劳动的机器。由于受影视宣传和科幻小说的影响，人们往往把机器人想象成外貌与人相似的机器和电子装置。但现实并非如此，特别是工业机器人，与人的外貌毫无相似之处，所以在工业应用场合，经常被称为"机械手"。有关机器人的定义随着时代发展不断发生变化，但工业机器人的定义已经被基本确定，根据国家标准，工业机器人被定义为"其操作机是自动控制的，可重复编程、多用途，并可对 3 个以上轴进行编程。它可以是固定式或移动式。在工业自动化应用中使用"。其中操作机被定义为"是一种机器，其机构通常由一系列互相铰接或相对滑动的构件所组成，它通常有几个自由度，用以抓取或移动物体（工具或工件）"。所以，工业机器人可以认为是一种拟人手臂、手腕和手功能的机械电子装置，它可把任一物件或工具按空间位置姿态的要求进行移动，从而完成某一工业生产的作业要求。如夹持焊枪，对汽车或摩托车车体进行点焊或弧焊；末端安装手钳，给压铸机或成型机上下料或装配机械零部件；末端安装喷枪进行喷涂作业。

机器人自 20 世纪 60 年代问世以来，经过了 40 多年的发展，已广泛应用于各个领域，成为航天航空、深海探密及制造业生产自动化的主要机电一体化设备。本课程主要介绍焊接机器人的发展及应用情况，根据职业教育一体化教学内容的需要而开发用于焊接机器人应用操作的一体化教材。

机器人技术的发展

自从世界上第一台工业机器人 UNIMATE 于 1959 年在美国诞生以来，机器人的应用和技术发展经历了三个阶段：

第一代是示教再现型机器人（如图 1 所示）。这类机器人操作简单，不具备外界信息的反馈能力，难以适应工作环境的变化，在现代化工业生产中的应用受到很大限制。

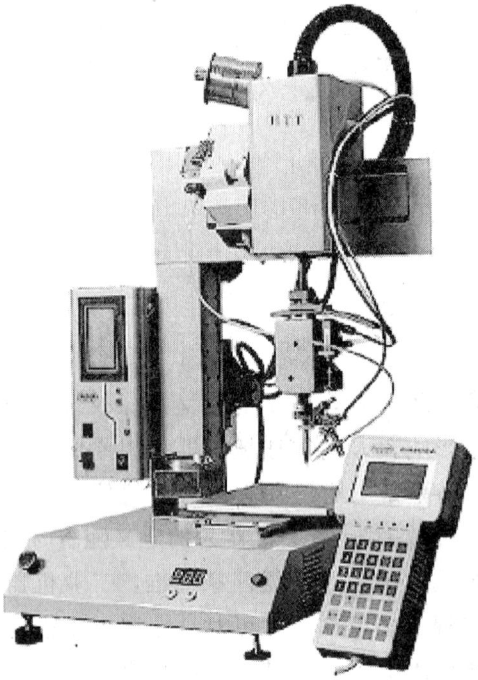

图 1　示教再现型机器人

第二代是具有感知能力的机器人（如图 2 所示）。这类机器人对外界环境有一定的感知能力，具备如听觉、视觉、触觉等功能，工作时借助传感器获得的信息，灵活调整工作状态，保证在适应环境的情况下完成工作。

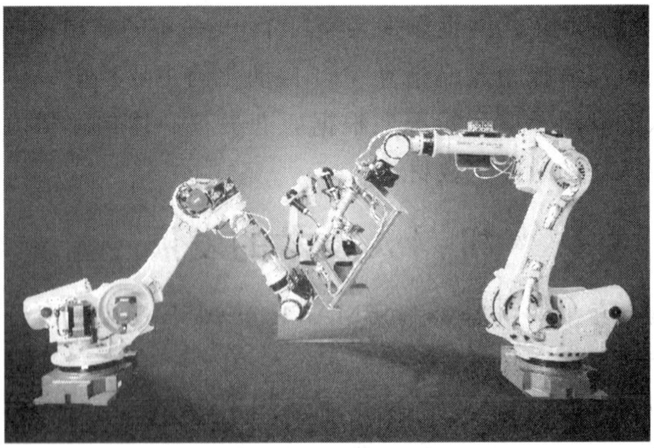

图 2　具有感知能力的机器人

第三代是智能型机器人（如图 3 所示）。这类机器人不但具有感觉能力，而且具有独立判断、行动、记忆、推理和决策的能力，能适应外部对象、环境协调地工作，能完成更加复杂的动作，还具备故障自我诊断及修复能力。

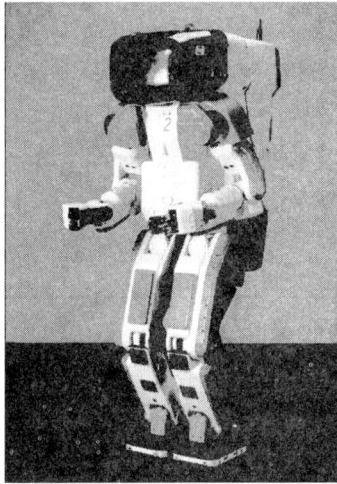

图 3　智能型机器人

　　焊接机器人就是在焊接生产领域代替焊工从事焊接任务的工业机器人。早期的焊接机器人缺乏"柔性"，焊接路径和焊接参数须根据实际作业条件预先设置，工作时存在明显的缺点。随着计算机控制技术、人工智能技术以及网络控制技术的发展，焊接机器人也由单一的单机示教再现型向以智能化为核心的多传感、智能化的柔性加工单元（系统）方向发展。

　　我国开发工业机器人晚于美国和日本，起于 20 世纪 70 年代，早期是大学和科研院所的自发性的研究。到 20 世纪 80 年代中期，全国没有一台工业机器人问世。而在国外，工业机器人已经是个非常成熟的工业产品，在汽车行业得到了广泛的应用。鉴于当时的国内外形势，国家"七五"攻关计划将工业机器人的开发列入了计划，对工业机器人进行了攻关，特别是把应用作为考核的重要内容，这样就把机器人技术和用户紧密结合起来，使中国机器人在起步阶段就瞄准了实用化的方向。与此同时，于 1986 年将发展机器人列入国家"863"高科技计划。在国家"863"计划实施五周年之际，邓小平同志提出了"发展高科技，实现产业化"的目标。在国内市场发展的推动下，以及对机器人技术研究的技术储备的基础上，863 主题专家组及时对主攻方向进行了调整和延伸，将工业机器人及应用工程作为研究开发重点之一，提出了以应用带动关键技术和基础研究的发展方针，以后又列入国家"八五"和"九五"中。经过十几年的持续努力，在国家的组织和支持下，我国焊接机器人的研究在基础技术、控制技术、关键元器件等方面取得了重大进展，并已进入实用化阶段，形成了点焊、弧焊机器人系列产品，能够实现小批量生产。

一、焊接机器人的应用状况

焊接机器人具有焊接质量稳定、改善工人劳动条件、提高劳动生产率等特点，广泛应用于汽车、工程机械、通用机械、金属结构和兵器工业等行业。据不完全统计，全世界在役的工业机器人中大约有一半用于各种形式的焊接加工领域。截止 2005 年，全世界在役工业机器人约为 91.4 万台，其中日本装备的工业机器人总量达到了 50 万台以上，成为"机器人王国"，其次是美国和德国。下表为主要国家机器人技术的比较。

主要国家 机器人技术	日本	韩国	欧盟	美国
工业机器人	极为突出	一般	很突出	一般
仿人型机器人	极为突出	很突出	一般	一般
个人/家用机器人	极为突出	很突出	一般	一般
服务机器人	突出	很突出	突出	突出
生物、医疗机器人技术	一般	一般	很突出	很突出
国防/航空机器人技术	一般	不突出	突出	极为突出

在亚洲，日本、韩国和新加坡的制造业中每万名雇员占有的工业机器人数量居世界前三位。近几年，全球机器人的数量在迅速增加，仅 2005 年就达 12.1 万台。

我国焊接机器人的应用主要集中在汽车、摩托车、工程机械、铁路机车等几个主要行业。汽车是焊接机器人的最大用户，也是最早用户。早在 20 世纪 70 年代末，上海电焊机厂与上海电动工具研究所合作研制的直角坐标机械手，成功地应用于"上海牌"轿车底盘的焊接。一汽是我国最早引进焊接机器人的企业，1984 年起先后从 KU-KA 公司引进了 3 台点焊机器人，用于当时"红旗牌"轿车的车身焊接和"解放牌"车身顶盖的焊接。1986 年成功将焊接机器人应用于前围总成的焊接，并于 1988 年开发了机器人车身总焊线。20 世纪 80 年代末和 90 年代初，德国大众公司分别与上海和一汽成立合资汽车厂生产轿车，虽然是国外的二手设备，但其焊接自动化程度与装备水平，让我们认识到了与国外的巨大差距。随后二汽在货车及轻型车项目中都引进了焊接机器人。可以说，20 世纪 90 年代以来的技术引进和生产设备、工艺装备的引进使我国的汽车制造水平由原来的作坊式生产提高到规模化生产，同时使国外焊接机器人大量进入中国。由于我国基础设施建设的高速发展带动了工程机械行业的繁荣，工程机械行业也成为较早引用焊接机器人的行业之一。近年来由于我国经济的高速发展，能源的大量需求，与能源相关的制造行业也都开始寻求自动化焊接技术，焊接机器人逐渐崭露头角。铁路机车行业由于我国货运、客运、城市地铁等需求量的不断增加，以及列车提速的需求，机器人的需求一直处于稳步增长态势。据2001年统计，全国共有各类焊接机器人1 040台，汽车制造和汽车零部件生产企业中的焊接机器人占全部焊接机器人的76%。在汽车行业中点焊机器人与弧焊机器人的比例为3∶2，其他行业大都是以弧焊机器人为主，主要分布在工程机械（10%）、摩托车（6%）、铁路车辆（4%）、锅炉（1%）等行业。焊接机器人也主要分布在全国几大汽车制造厂，从中还能看出，我国焊接机器人的行业分布不均衡，也不够广泛。

进入21世纪，由于国外汽车巨头的不断涌入，汽车行业迅猛发展，我国汽车行业的机器人安装台数迅速增加，2002、2003、2004年每年都有近千台的数量增长。估计我国目前焊接机器人的安装台数在4 000台左右。汽车行业焊接机器人所占的比例会进一步提高。

目前，在我国应用的机器人主要分日系、欧系和国产三种。日系中主要有安川、OTC、松下、FANUC、不二越、川崎等公司的产品；欧系中主要有德国的KUKA、CLOOS、瑞典的ABB、意大利的COMAU及奥地利的IGM公司产品；国产机器人主要是沈阳新松机器人公司产品。图4为瑞典ABB焊接机器人。

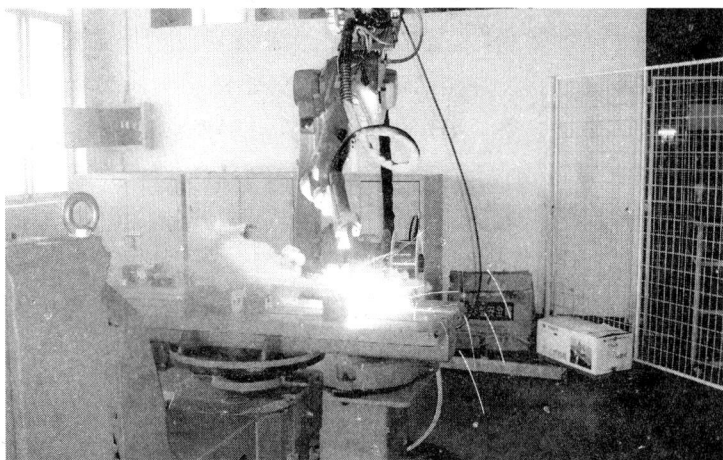

图4　ABB焊接机器人

目前在我国应用的工业机器人中，国产机器人的数量不足100台，特别是近两年新安装的机器人焊接系统中已经看不到中国机器人的身影，虽然我国已经具有自主知识产权的焊接机器人系列产品，但却不能批量生产，形成规模，有以下几个主要原因：

国内机器人价格没有优势。近10年来，进口机器人的价格大幅度降低，从每台7～8万美元降低到2～3万美元，使我国自行制造的普通工业机器人在价格上很难与之竞争。特别是我国在研制机器人的初期，没有同步发展相应的零部件产业，如伺服电机、减速机等需要进口，使价格难以降低，所以机器人生产成本降不下来；我国焊接装备水平与国外还存在很大差距，这一点也间接影响了国内机器人的发展。对于机器人的最大用户——汽车白车身生产厂来说，目前几乎所有的装备都要从国外引进，国产机器人几乎找不到表演的舞台。

我们应该承认国产机器人无论从控制水平还是可靠性等方面与国外公司还存在一定的差距。国外工业机器人是个非常成熟的工业产品，经历了30多年的发展历程，而且在实际生产中不断地完善和提高，而我国则处于一种单件小批量的生产状态。

国内机器人生产厂家处于幼儿期，还需要政府政策和资金的支持。焊接机器人是个机电一体化的高技术产品，单靠企业的自身能力是不够的，需要政府对机器人生产企业及使用国产机器人系统的企业给予一定的政策和资金支持，加速我国国产机器人的发展。

当前焊接机器人的应用迎来了难得的发展机遇。一方面，随着技术的发展，焊接机器人的价格不断下降，性能不断提升；另一方面，劳动力成本不断上升，我国由制造大国向制造强国迈进，需要提升加工手段，提高产品质量和增强企业竞争力，这一切预示着机器人应用及发展前景空间巨大。

二、应用焊接机器人的意义

焊接机器人之所以能够占据整个工业机器人总量的40%以上，与焊接这个特殊的行业有关，焊接作为工业"裁缝"，是工业生产中非常重要的加工手段，同时由于焊接烟尘、弧光、金属飞溅的存在，焊接的工作环境又非常恶劣，焊接质量的好坏对产品质量起决定性的影响。归纳起来，采用焊接机器人有下列主要意义：

1. 稳定和提高焊接质量，保证其均一性。焊接参数如焊接电流、电压、焊接速度及焊接干伸长度等对焊接结果起决定作用。采用机器人焊接时，对于每条焊缝的焊接参数都是恒定的，焊缝质量受人的因素影响较小，降低了对工人操作技术的要求，因此焊接质量是稳定的。而人工焊接时，焊接速度、干伸长等都是变化的，因此很难做到质量的均一性。

2. 改善了工人的劳动条件。采用机器人焊接工人只是用来装卸工件，远离了焊接弧光、烟雾和飞溅等，对于点焊来说工人不再搬运笨重的手工焊钳，使工人从大强度的体力劳动中解脱出来。

3. 提高劳动生产率。机器人没有疲劳，一天可24h连续生产，另外随着高速高效焊接技术的应用，使用机器人焊接，效率提高得更加明显。

4. 产品周期明确，容易控制产品产量。机器人的生产节拍是固定的，因此安排生产计划非常明确。

5. 可缩短产品改型换代的周期，减小相应的设备投资。图5为机器人焊接系统工作站，它可实现小批量产品的焊接自动化。机器人与专机的最大区别就是它可以通过修改程序以适应不同工件的生产。

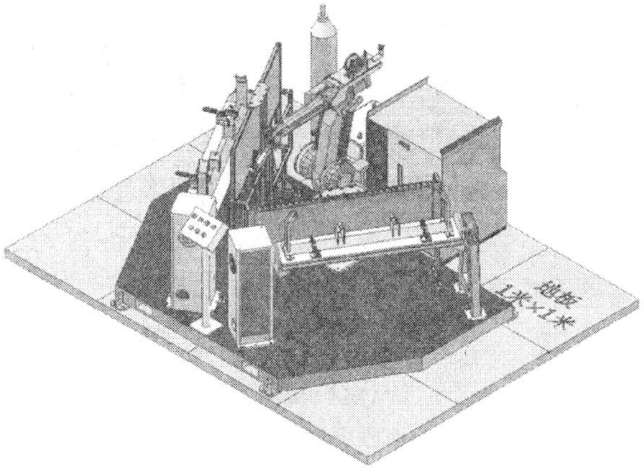

图5 机器人焊接工作站

三、焊接机器人应用工程

焊接机器人应用技术是机器人技术、焊接技术和系统工程技术的融合,焊接机器人能否在实际生产中得到应用,发挥其优越的特性,取决于人们对上述技术的融合程度。经过近10年的努力,我国在机器人焊装夹具设计方面积累了较丰富的经验,机器人周边设备实现了标准化,具有年产300余套焊接机器人工作站的能力。可以说,国内的系统集成商在机器人工作站及简单的焊装线的设计开发方面具有了与国外系统集成商抗衡的能力,近几年为国内汽车零部件等企业提供了大量的机器人焊接系统。但是另外一个严重的事实是,我们还不具备制造高水平的机器人成套焊装线的能力。国内几大汽车厂的车身焊装线都是由国外机器人系统集成商设计制造的。

作为焊接机器人的最大用户,预计未来的10年我国汽车年产量要达到千万辆,现在的焊接装备远远满足不了生产需求,对焊接装备的需求量将大幅增加,焊装生产线要求更加自动化和柔性化,以适应多品种、小批量的生产要求,机器人将大量应用于焊接生产线中。对我国的机器人系统集成商来说,如何抓住机遇是当前要解决的重要课题,从另一方面讲也决定着国产焊接机器人的命运。

1. 实行企业联合。机器人系统集成商与汽车制造商联合,消化吸收国外汽车焊装线。

2. 建立自己的焊接装备设计标准及数模,提高设计水平和效率。

3. 加强人才培养建设。机器人焊接生产线是个复杂的系统工程,涉及机械、电气、物流传输、计算机、汽车设计制造、机器人技术、焊接技术等多种学科,而我国目前还没有关于这方面较为系统的培训机构。

4. 加强与国外公司的合作,通过合作学习提高自己的设计水平。

四、焊接机器人技术的研究现状

机器人技术是综合了计算机、控制论、机构学、信息和传感技术、人工智能、仿生学等多学科而形成的高新技术,当前对机器人技术的研究十分活跃。从目前国内外研究现状来看,焊接机器人技术研究主要集中在焊缝跟踪技术、离线编程与路径规划技术、多机器人协调控制技术、专用弧焊电源技术、焊接机器人系统仿真技术、机器人用焊接工艺方法、遥控焊接技术等7个方面。

1. 焊缝跟踪技术的研究

焊接机器人施焊过程中,由于环境因素的影响,如强弧光辐射、高温、烟尘、飞溅、坡口状况、加工误差、夹具装夹精度、表面状态和工件热变形等,实际焊接条件的变化往往会导致焊炬偏离焊缝,从而造成焊接质量下降甚至失败,图6与图7对比说明了焊缝跟踪技术的应用。焊缝跟踪技术的研究就是根据焊接条件的变化要求弧焊机器人能够实时检测出焊缝的偏差,并调整焊接路径和焊接参数,保证焊接质量的可靠性。焊缝跟踪技术的研究以传感器技术与控制理论方法为主,其中传感技术的研究又以电弧传感器和光学传感器为主。电弧传感器是从焊接电弧自身直接提取焊缝位置偏差信号,实时性好,焊枪运动灵活,符合焊接过程低成本自动化的要求,适用于熔化极焊接场合。电弧传感的基本原理是利用焊炬与工件距离的变化而引起的焊接参数变化,来探测焊炬高度和左右偏差。电弧传感器一般分为三类:并列双丝电弧传感器、摆动电弧传感器、旋转式扫描电弧传感器,其中旋转电弧传感器比前两者的偏差检测灵敏度高,控制性能较好。光学传感器的种类很多,主要包括红外、光电、激光、视觉、光谱和光纤式,光学传感器的研究又以视觉传感器为主,视觉传感器所获得的信息量大,结合计算机视觉和图像处理的最新技术,大大增强弧焊机器人的外部适应能力。激光跟踪传感器具有优越的性能,成为最有前途、发展最快的焊接传感器。另一方面,由于近代模糊数学和神经网络的出现以及应用到焊接这个复杂的非线性系统中,使得焊缝跟踪进入了智能焊缝跟踪的新时代。

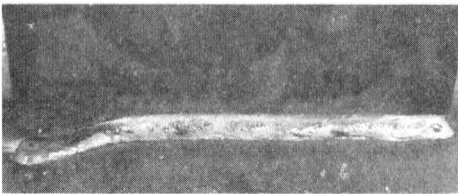

图6　没有焊缝跟踪的角焊缝　　　　　　图7　有焊缝跟踪的角焊缝

2. 离线编程与路径规划技术的研究

机器人离线编程系统是机器人编程语言的拓广,它利用计算机图形学的成果,建立起机器人及其工作环境的模型，利用一些规划算法，通过对图形的控制和操作，在不使用实际机器人的情况下进行轨迹规划，进而产生机器人程序，如图8所示的虚拟焊接工作站。自动编程技术的核心是焊接任务、焊接参数、焊接路径和轨迹的规划技术。针对弧焊应用，自动编程技术可以表述为在编程各阶段中，能够辅助编程者完成独立的、具有一定实施目的和结果的编程任务的技术，具有智能化程度高、编程质量和效率高等特点。离线编程技术的理想目标是实现全自动编程，即只需输入工件的模型，离线编程系统中的专家系统会自动制定相应的工艺过程，并最终生成整个加工过程的机器人程序。目前，还不能实现全自动编程，自动编程技术是当前研究的重点。

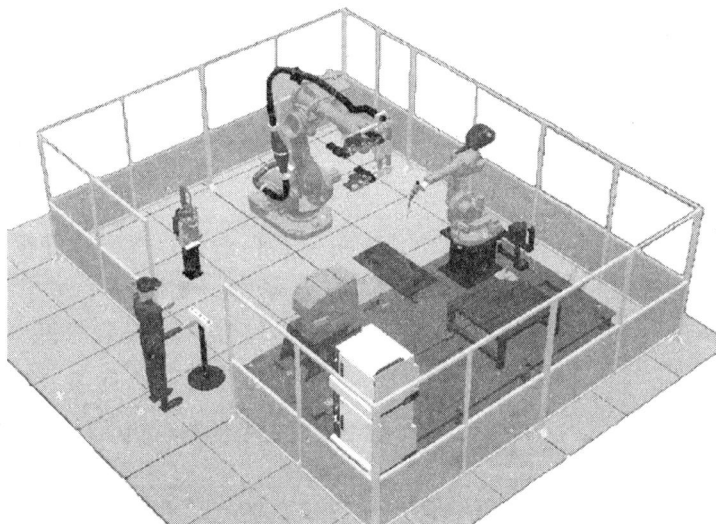

图 8　模拟工作站

3. 多机器人协调控制技术的研究

多机器人系统是指为完成某一任务由若干个机器人通过合作与协调组合成一体的系统，如图9所示。它包含两方面的内容，即多机器人合作与多机器人协调。当给定多机器人系统某项任务时，首先面临的问题是如何组织多个机器人去完成任务，如何将总体任务分配给各个成员机器人，即机器人之间怎样进行有效地合作。当以某种机制确定了各自任务与关系后，问题变为如何保持机器人间的运动协调一致，即多机器人协调。对于由紧耦合子任务组成的复杂任务而言，协调问题尤其突出。智能体技术是解决这一问题的最有力的工具，多智能体系统是研究在一定的网络环境中，各个分散的、相对独立的智能子系统之间通过合作，共同完成一个或多个控制作业任务的技术。多机器人焊接的协调控制是目前的一个研究热点问题。

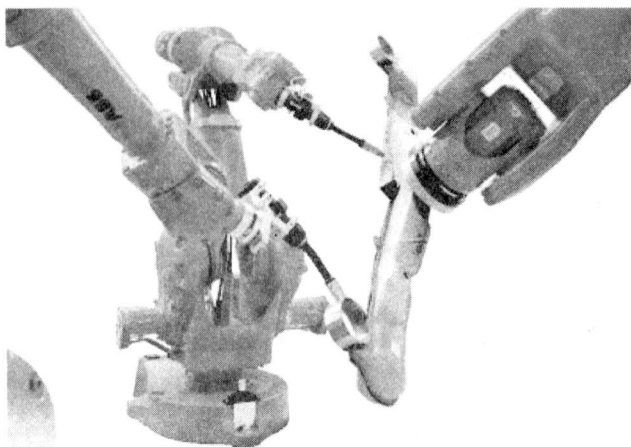

图 9　多机器人工作

4. 专用弧焊电源的研究

在焊接机器人系统中，电气性能良好的专用弧焊电源直接影响焊接机器人的使用性能。目前，弧焊机器人一般采用熔化极气体保护焊（MIG 焊、MAG 焊、CO_2 焊）或非熔化极气体保护焊（TIG、等离子弧焊）方法，熔化极气体保护焊焊接电源主要使用晶闸管电源与逆变电源。近年来，弧焊逆变器的技术已趋于成熟，机器人用的专用弧焊逆变电源大多为单片微机控制的晶体管式弧焊逆变器，并配以精细的波形控制和模糊控制技术，工作频率在 $20\sim50\text{kHz}$，最高的可达 200kHz，焊接系统具有十分优良的动特性，非常适合机器人自动化和智能化焊接。还有一些特殊功能的电源，如适合铝及其铝合金 TIG 焊的方波交流电源、带有专家系统的焊接电源等。目前有一种采用模糊控制方法的焊接电源，可以更好地保证焊缝熔宽和熔深的基本一致，不仅焊缝表面美观，而且还能减少焊接缺陷。弧焊电源不断向数字化方向发展，其特点是焊接参数稳定，受网路电压波动、温升、元器件老化等因素的影响很小，具有较高的重复性，焊接质量稳定、成型良好。另外，利用 DSP 的快速响应，可以通过主控制系统的指令精确控制逆变电源的输出，使之具有输出多种电流波形和弧压高速稳定调节的功能，适应多种焊接方法对电源的要求。

5. 仿真技术的研究

机器人在研制、设计和试验过程中，经常需要对其进行运动学、动力学性能分析以及轨迹规划设计，而机器人又是多自由度、多连杆空间机构，其运动学和动力学问题十分复杂，计算难度很大。若将机械手作为仿真对象，运用计算机图形技术、CAD技术和机器人理论在计算机中形成几何图形，并动画显示，然后对机器人的机构设计、运动学正反解分析、操作臂控制以及实际工作环境中的障碍避让和碰撞干涉等诸多问题进行模拟仿真，就可以解决研发过程中出现的问题。

6. 机器人用焊接工艺方法的研究

目前，弧焊机器人普遍采用气体保护焊方法，主要是熔化极气体保护焊，其次是钨极氩气保护焊，等离子弧焊、切割及机器人激光焊数量有限，比例较低。发达国家的弧焊机器人已普遍采用高速、高效气体保护焊接工艺，如双丝气体保护焊、T.I.M.E焊、热丝TIG焊、热丝等离子焊等先进的工艺方法，不仅有效地保证了优良的焊接接头，还使焊接速度和熔敷效率提高数倍至几十倍。

7. 遥控焊接技术的研究

遥控焊接是指人在离开现场的安全环境中对焊接设备和焊接过程进行远程监视和控制，从而完成完整的焊接工作。在核电站设备的维修、海洋工程建设以及未来的空间站建设中都要用到焊接，这些环境中的焊接工作不适合人类亲临现场，而目前的技术水平还不可能实现完全的自主焊接，因此需要采用遥控焊接技术。目前，美国、欧洲、日本等国对遥控焊接进行了深入的研究，国内哈尔滨工业大学也正在进行这方面的研究。

单元 1

焊接机器人基础知识

项目一　认识焊接机器人

任务 1　焊接机器人安全操作及设备保养

学习目标

知识目标：

1. 了解机器人操作的各项安全注意事项。

2. 掌握机器人安全操作规程。

能力目标：

1. 根据设备的安全要求完成各项安全操作。

2. 能够对焊接机器人设备进行常规保养。

任务描述

某企业有一批转岗的新员工需要学习焊接机器人的操作技术，在上岗前需要经过岗前培训，学习机器人操作的各项安全操作规程以及常规的设备保养等内容，为后续学习作准备。现需要企业培训师对其进行培训。

任务分析

焊接机器人的运行特性与其他设备不同。机器人以高能运动掠过比其机座大的空间，机器人手臂的运动形式和启动很难预料，且可能随生产和环境条件而改变。在机器人驱动器通电情况下，维修及编程人员有时需要进入其限定空间，且机器人限定空间之间或与其他相关设备的工作区之间可能相互重叠而产生碰撞、夹挤或由于夹持器松脱而使工件飞出等危险。因此，机器人维护和操作人员必须在熟知设备的安全注意事项和安全操作规程的情况下进行操作,并严格遵守安全操作规程的各项规定。

另外,正确规范的机器人预防性保养能够最大限度保证机器人正常运行,保证高效益产出,从而降低生产成本。因此,正确规范的机器人预防性保养是机器人日常使用必不可少的工作。

机器人运行磨合期限为1年,在正常运行1年后,机器人需要进行1次预防性保养,更换齿轮箱润滑油。在此之后,机器正常运行每3年或者10 000小时后,必须再进行1次预防性保养,有效降低机器人故障率,提高机器人使用寿命。针对在恶劣工况与长时间在负载极限或运动极限下工作的机器人,需要每年进行1次全面预防性保养。

本次任务针对焊接机器人在安全操作与保养方面进行全面的介绍,让操作者或学习者在后面的操作使用过程中能更好地保护自身和设备的安全。通过对设备和场地的介绍让安全操作规程里面的各项规定都展现在操作者的面前。引导操作者对设备进行一次常规预防性保养内容的操作,这样不仅有利于降低设备的故障率,而且能让操作者对机器人有一次初步了解的机会,为后续的学习操作奠定基础。

相关理论

一、操作中的危险源

危险可能由机器人系统本身产生,也可能来自周边设备,或来自人与机器人系统的相互干扰,如

1. 由于下述设施失效或产生故障:

①保护设施(如设备、电路、元器件)移动或拆卸;

②动力源或配电系统失效或故障;

③控制电路、装置或元器件失效或故障。

2. 机械部件运动引起夹挤或撞击:

①部件自身运动;

②与机器人系统的其他部件或工作区内的其他设备相连的部件运动。

3. 储能:

①在运动部件中;

②在电力或流体动力部件中。

4. 动力源:

①电气;

②液压;

③气动。

5. 危险气氛、材料或条件:

①易燃易爆；

②腐蚀或侵蚀；

③放射性；

④极高温或极低温。

6. 噪声。

7. 干扰：

①电磁、静电、射频干扰；

②振动、冲击。

8. 人因差错：

①设计、开发、制造（包括人类工效学考虑）；

②安装和试运行（包括通道、照明和噪声）；

③功能测试；

④应用和使用；

⑤编程和程序验证；

⑥组装（包括工件搬运、夹持和切削加工）；

⑦故障查找和维护；

⑧安全操作规程。

9. 机器人系统或辅助部件的移动、搬运或更换。

二、安全注意事项

关闭总电源

在进行机器人的安装、维修和保养时切记要将总电源关闭。带电作业可能会产生致命性后果。如不慎遭高压电击，可能会导致心跳停止、烧伤或其他严重伤害。

与机器人保持足够安全距离

在调试与运行机器人时，它可能会执行一些意外的或不规范的运动。并且，所有的运动都会产生很大的力量，从而严重伤害个人或损坏机器人工作范围内的任何设备。所以，时刻警惕与机器人保持足够的安全距离。

静电放电危险

ESD（静电放电）是电势不同的两个物体间的静电传导，它可以通过直接接触传导，也可以通过感应电场传导。搬运部件或部件容器时，未接地的人员可能会传导大量的静电荷。这一放电过程可能会损坏敏感的电子设备。所以在有此标识的情况下，要做好静电放电防护。

🛑 紧急停止

紧急停止优先于任何其他机器人控制操作，它会断开机器人电动机的驱动电源，停止所有运转部件，并切断由机器人系统控制且存在潜在危险的功能部件的电源。出现下列情况时，请立即按下任意紧急停止按钮：

- 机器人运行中，工作区域内有工作人员。
- 机器人伤害了工作人员或损伤了机器设备。

⚠️ 灭火

发生火灾时，请确保全体人员安全撤离后再行灭火。应首先处理受伤人员。当电气设备（例如机器人或控制器）起火时，使用二氧化碳灭火器。切勿使用水或泡沫。

⚠️ 工作中的安全

机器人速度慢，但是很重并且力度很大，运动中的停顿或停止都会产生危险。即使可以预测运动轨迹，但外部信号有可能改变操作，会在没有任何警告的情况下，产生预想不到的运动。因此，当进入保护空间时，务必遵循所有的安全条例：

- 如果在保护空间内有工作人员，请手动操作机器人系统。
- 当进入保护空间时，请准备好示教器 FlexPendant，以便随时控制机器人。
- 注意旋转或运动的工具，例如切削工具和锯。确保在接近机器人之前，这些工具已经停止运动。
- 注意工件和机器人系统的高温表面。机器人电动机长期运转后温度很高。
- 注意夹具并确保夹好工件。如果夹具打开，工件会脱落并导致人员伤害或设备损坏。夹具非常有力，如果不按照正确方法操作，也会导致人员伤害。
- 注意液压、气压系统以及带电部件。即使断电，这些电路上的残余电量也很危险。

❗ 示教器的安全

示教器 FlexPendant 是一种高品质的手持式终端，它配备了高灵敏度的一流电子设备。为避免操作不当引起的故障或损害，请在操作时遵循本说明。

- 小心操作，不要摔打、抛掷或重击 FlexPendant，这样会导致其破损或故障。在不使用该设备时，将它挂到专门存放它的支架上，以防意外掉到地上。
- FlexPendant 的使用和存放应避免被人踩踏电缆。
- 切勿使用锋利的物体（例如螺钉旋具或笔尖）操作触摸屏，这样可能会使触摸屏受损。应用手指或触摸笔（位于带有 USB 端口的 FlexPendant 的背面）去操作示教器触摸屏。

- 定期清洁触摸屏。灰尘和小颗粒可能会挡住屏幕造成故障。
- 切勿使用溶剂、洗涤剂或擦洗海绵清洁 FlexPendant。使用软布蘸少量水或中性清洁剂清洁。
- 没有连接 USB 设备时务必盖上 USB 端口的保护盖。如果端口暴露到灰尘中，那么它会中断或发生故障。

⚠ **手动模式下的安全**

在手动减速模式下，机器人只能减速（250mm/s 或更慢）操作（移动）。只要在安全保护空间之内工作，就应始终以手动速度进行操作。

在手动全速模式下，机器人以程序预设速度移动。手动全速模式应仅用于所有人员都位于安全保护空间之外时，而且操作人员必须经过特殊训练，熟知潜在的危险。

⚠ **自动模式下的安全**

自动模式用于在生产中运行机器人程序。在自动模式操作情况下，常规模式停止（GS）机制、自动模式停止（AS）机制和上级停止（SS）机制都将处于活动状态。机器人自动模式如图 1-1-1-1 所示。

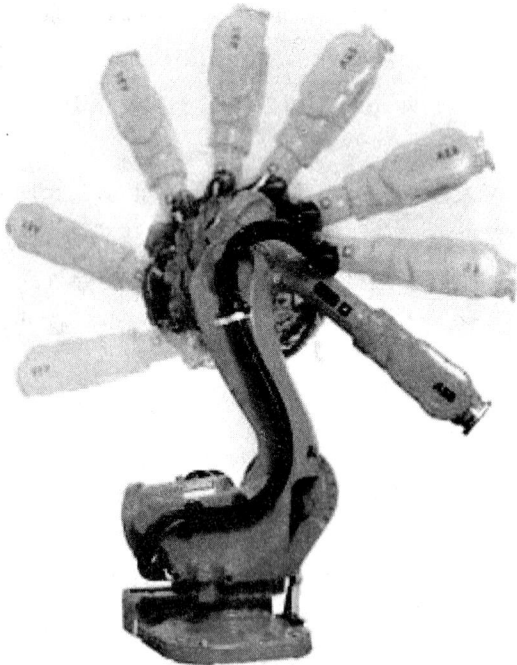

图 1-1-1-1　机器人自动模式

三、焊接机器人设备保养

1. 设备保养的整体结构

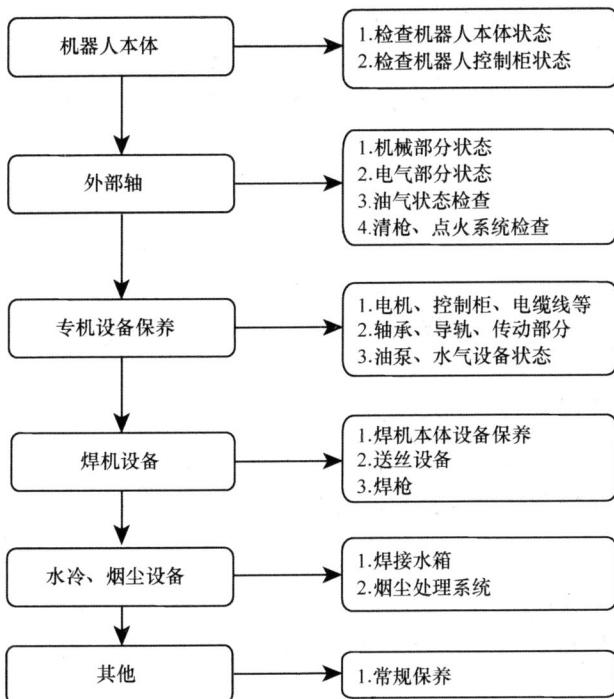

```
┌──────────────┐      ┌─────────────────────────┐
│  机器人本体   │ ───→ │ 1.检查机器人本体状态      │
└──────────────┘      │ 2.检查机器人控制柜状态    │
       │              └─────────────────────────┘
       ↓
┌──────────────┐      ┌─────────────────────────┐
│   外部轴      │ ───→ │ 1.机械部分状态            │
└──────────────┘      │ 2.电气部分状态            │
       │              │ 3.油气状态检查            │
       │              │ 4.清枪、点火系统检查      │
       ↓              └─────────────────────────┘
┌──────────────┐      ┌─────────────────────────┐
│ 专机设备保养  │ ───→ │ 1.电机、控制柜、电缆线等  │
└──────────────┘      │ 2.轴承、导轨、传动部分    │
       │              │ 3.油泵、水气设备状态      │
       ↓              └─────────────────────────┘
┌──────────────┐      ┌─────────────────────────┐
│   焊机设备    │ ───→ │ 1.焊机本体设备保养        │
└──────────────┘      │ 2.送丝设备                │
       │              │ 3.焊枪                    │
       ↓              └─────────────────────────┘
┌──────────────┐      ┌─────────────────────────┐
│ 水冷、烟尘设备│ ───→ │ 1.焊接水箱                │
└──────────────┘      │ 2.烟尘处理系统            │
       │              └─────────────────────────┘
       ↓
┌──────────────┐      ┌─────────────────────────┐
│    其他       │ ───→ │ 1.常规保养                │
└──────────────┘      └─────────────────────────┘
```

2. 各部分保养

机器人本体预防性保养

（1）检查机器人本体状态

①电缆状态——包括信号电缆、动力电缆、用户电缆、底电缆、立臂电缆。

②各轴承齿轮箱密封状态——漏油、渗油、齿轮箱状态。

③机器人各轴功能——自动手动运行平稳，无异音，刹车正常。

④机器人各轴电机状态——接线牢固，状态平稳。

⑤齿轮箱更换润滑油。

⑥机器人固定状态。

（2）检查机器人控制柜状态

①机器人软件检查与备份——冷启动安装软件，机器人备份。

②机器人系统参数检查——COMMUTATION 与 CALIBRATION。

③机器人 SMB 电池——一组节镍铬电池充电电压。

④机器人示教器功能——所有按键有效，急停回路正常，可执行所有功能。

⑤机器人动力电压——AC380V，262V。

⑥机器人控制电压——DC24V，15V，5V。

⑦机器人软驱——读写正常，必要的话进行磁头清洁。

⑧冷却风扇状态——所有冷却风扇检查，并进行清洁。

⑨机器人控制系统检查——主机板、内存板、机器人计算板。

⑩机器人驱动系统检查——DC-LINK、各轴驱动板。

外部轴保养

（1）机械部分状态

①主轴、轴承、工装装置、自动夹紧装置和清渣装置，润滑与固定保养。

②注意回转工作台齿轮、链条传动机构和导轨的润滑。

③液、气压缸活塞活动是否顺畅。

（2）电气部分状态

①检查电气连接部分有无过热现象并紧固连接。

②动力线、控制通信线路接地是否正常，有无暴露。

③传感器是否表面污垢堆积，是否固定。

（3）油气状态检查

①气体阀门安装牢固，有无漏气。

②油路是否有堵塞状况。

（4）清枪、点火系统检查

①清扫设备各部位，检查硅油瓶中硅油量，检查气动马达工作是否正常。必须重新调整绞刀与喷嘴深度时，可将气动马达支架上的六角螺丝松开，调整后重新固定。注意在安装与检修时务必切断电源和气源，不要触摸旋转刀头和剪丝刀，在使用硅油装置时，也要遵守安全须知规定。

②检查点火装置电气连接是否良好，点火针距离是否过远，检查火焰检测信号是否正常。

专机设备保养

（1）电机、控制柜、电缆线等

①电箱内外清洁，无灰尘、杂物，箱门无破损。电气原件紧固用线路整齐，线号清晰齐全。电机清洁，无油垢、灰尘，风扇、外罩齐全好用。

②控制箱的间隙或通风扇装置，应避免油、水或金属粉等异物的侵入，及时清理。

③伺服驱动器表面灰尘清理干净，防止铁屑掉入，造成伺服驱动器短路或散热不好等故障。

（2）轴承、导轨、传动部分

①主传动链的维护保养

定期调整主轴驱动带的松紧程度，防止因打滑造成丢转现象；检查齿轮润滑情况，注意及时补充油量，并清理死角污垢。

②滚珠、丝杆等保养

检查丝杆与传动设备连接处是否有松动，丝杆防护装置是否损坏，防止灰尘和渣屑进入，及时清洁并添加新润滑油。

③导轨是否行走顺畅，电缆线是否抑制行走。在电机运转时，注意避免电缆承受过大的应力，检查电缆与机件连接是否磨损，或发生拉扯现象。

（3）油泵、水气设备状态

对各润滑、液压、气压系统的过滤器或分滤网进行清洗或更换；定期检查液压系统，必要时更换液压油；定期对气压系统分水滤气器进行放水。

焊机设备

（1）清除内部灰尘

卸下顶盖、侧面板，清除难以吹出的污垢或异物，内部堆积的污垢或灰尘请用不含水分的压缩空气（干燥空气）吹出。

（2）常规检查

拆下顶盖、侧面板，对非日常检查内容的项目要重点进行检查。检查有无异味、变色、过热破坏痕迹。连接部位有无松动。

（3）电缆、软管的检查

请重点检查接地线、电缆、气管等非日常检查的项目（补充紧固等）。

送丝设备

（1）检查 SUS 管（或导丝管）入口处及送丝轮周边是否被切屑、尘埃等堵塞。清扫切屑、尘埃，找出其发生的原因并加以根除。

（2）检查（目测）SUS 管（或导丝管）插入口处的中心与送丝轮（或加压轮）沟槽中心位置是否有偏差。

（3）检查送丝轮（或加压轮）的沟槽是否有磨损现象。如产生焊丝粉屑、出现送丝管堵塞、电弧不稳等异常现象，请更换新送丝轮。

（4）在焊接过程中，如出现没有气体流出或不停地放气等现象时，应考虑到气阀里可能有异物，造成了堵塞，需要对其进行清扫。

焊枪

（1）及时清除焊枪导电嘴上的飞溅物，避免送丝不畅和电弧不稳，避免因飞溅物在二次引弧时烧毁焊枪零件。

（2）焊枪的导电嘴、导电嘴座、送丝软管等易损件，在损坏较严重时要及时更换。

（3）装卸焊丝时一定要保证焊丝端头无弯曲及熔结物，以免损坏焊枪。

水冷设备

（1）焊接水箱保养

①检查水箱水位是否加满液面80％位置，及时更换纯净水或清洁水箱内部污垢。

②检查水流检测开关是否被堵上，及时清理。

③水循环是否正常，软水管有无被重物压制现象。

④定期清理过滤网灰尘，检查排液口是否锁紧。

⑤注意：若冷却机搬动，请半小时后再通电，以免压缩油渗透，阻塞毛细管。

（2）烟尘处理系统

①通风系统是否顺畅，应用压缩空气进行吹扫。

②表面污垢处理、清洁工作等。

③必须定期检查除尘机容器内的灰尘面，如果灰尘满了必须清空。

④吸入气流中的微粒会吸附在滤筒的表面，致使抽吸功能逐渐降低，当降低到一定程度时，监视灯会被激活，这种情况下必须清洁滤筒。

常规设备保养

（1）检查清洗各部箱体

①各箱内清洁，无积垢杂物。

②更换磨损件，提出下次修理备件。

③进给变速，定位准确，齿轮啮合间隙符合要求。

（2）检查各箱体润滑情况

①达到基本保养要求。

②清洁润滑油箱，更换润滑油。

③修复、更换破损油管及过滤网。

（3）检查电器各部是否达到要求

①电机清洁，更换轴承润滑油，风扇、外罩齐全。

②更换、修理损坏电器件及触点。

③各限位、开关、连锁装置齐全、可靠。

④指示仪表、信号灯齐全、准确。

⑤电器装置绝缘良好、接地可靠。

注意：

设备的维护保养内容一般包括日常维护、定期维护、定期检查和精度检查，设备润滑和冷却系统维护也是设备维护保养的一个重要内容。设备维护应按维护规程进行。设备维护规程是对设备日常维护方面的要求和规定，坚持执行设备维护规程，可以延长设备使用寿命，保证安全、舒适的工作环境。

任务准备

实施本次任务所使用的实训设备及工具材料可参考下表。

序号	分类	名称	型号规格	数量	单位	备注
1	工具	钳工常用工具		1	套	用于拆装
2	设备	焊接机器人	IRB1410	2	套	
3	设备	焊接机器人	IRB1600	1	套	带水冷系统
4	设备	空压机		1	台	用于清理
5	护具	焊接常用护具		1	套	

任务实施

操纵任务	焊接机器人常规保养及安全操作规程	姓名	
学号		组别	

1. 查阅资料，了解焊接机器人设备保养的各项内容，对表中需要维护保养项目进行操作练习（需在教师的指导下进行）并填写下表。

控制柜常规保养		
保养项目	操作	注意事项
示教器清洁		
冷却风扇清洁		
滤尘网清洁		

续表

机器人本体保养		
保养项目	操作	注意事项
检查控制电缆		
检查本体各轴运动		
检查本体固定状态		
焊接电源及周围设备保养		
保养项目	操作	注意事项
送丝软管清洁		
冷却箱清洁		
焊接电源清洁		

2. 查看实训教室内的布置，掌握主要设备的安全操作规程，并将两种主要设备的安全操作规程写在下表中。

设备名称	
安全操作规程：	
设备名称	
安全操作规程：	

检查评议

姓名			学号		分值	自评	互评	师评
序号	考核项目		评分标准		分值	自评	互评	师评
1	学习态度		是否守纪（不迟到、不早退、不高声说话、不串岗）		5			
			在任务实施过程中表现出积极性、主动性和发挥作用		5			
2	学习方法		是否运用各种资料提取信息进行学习，获得新知识		2			
			在任务实施过程中，是否发现问题、分析问题和解决问题		3			
			是否认真分析任务		3			
			是否认真将资料完整归档		2			
3	任务完成情况		能否正确使用工具进行设备的装拆		20			
			能否认真完整地将设备安全操作规程抄写下来		20			
			能否将设备按要求进行检查与清洁		30			
4	职业素养		团队关系融洽，共同制订计划完成任务		2			
			发现问题协商解决，认真对待他人意见		2			
			主动沟通，语言表达流利		2			
			具备安全防护与环保意识		2			
			做好 6S（整理、整顿、清洁、清扫、素养、安全）		2			

【想一想 练一练】

1. 机器人本体的预防性保养包括哪些内容？

2. 如何对焊机设备进行保养？

3. 机器人运动的磨合期为多长？预防性保养在时间上有什么要求？

4. 何种情况下应立即按下紧急停止按钮？

任务 2 焊接机器人组成结构

学习目标

知识目标：

1. 了解焊接机器人系统的基本组成部分。

2. 掌握机器人本体结构。

能力目标：

1. 根据焊接机器人本体结构的特点说出各部分的运动方向。

2. 能叙述焊接机器人各部分之间的关系。

任务描述

某企业有一批转岗的新员工需要学习焊接机器人的操作技术，在上岗前需要经过岗前培训，学习机器人的结构原理、各组成部分的名称、功用以及运动关系等内容，为后续学习机器人操作打下基础。现需要企业培训师对新员工进行培训。

任务分析

机器人要完成焊接作业，必须依赖于控制系统与辅助设备的支持和配合。完整的焊接机器人系统一般由如下几部分组成：机器人操作机、变位机、控制器（中央控制计算机）、焊接系统（专用焊接电源、焊枪或焊钳等）、焊接传感器和相应的安全设备等，如图 1-1-2-1 所示。

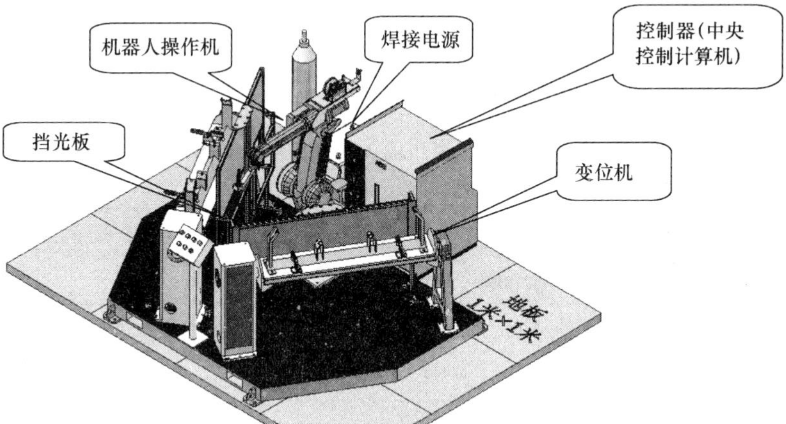

图 1-1-2-1　机器人焊接工作站

本任务要求学习人员理解焊接机器人由哪些部分组成以及各部分之间有什么关系，重点在于理解机器人操作机（本体）的结构，这有利于了解机器人的运动方式，为后续操作机器人训练奠定基础。完成本任务在阅读相关理论知识的同时，还要求现场观察焊接机器人系统各部分之间的连接形式和机器人本体的运动。

相关理论

一、焊接机器人系统组成

焊接机器人属于工业机器人应用的一个领域，工业机器人是目前技术上最成熟的机器人，它实质上是根据预先编制的操作程序自动重复工作的自动化机器，所以这种机器人也称为重复型工业机器人。常用机器人各部分组成关系如图1-1-2-2所示。

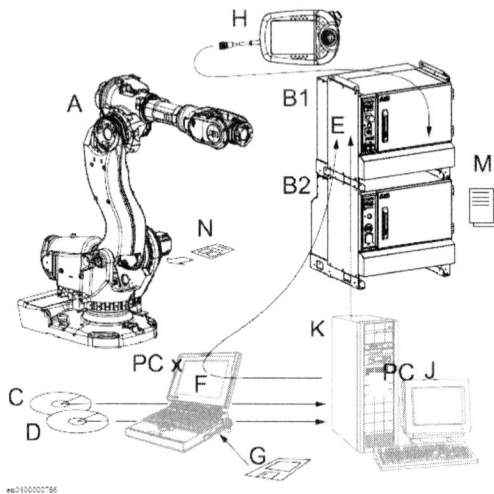

图 1-1-2-2　常用机器人各部分组成关系

序号	名称	序号	名称	序号	名称	序号	名称	序号	名称
A	机器人本体	C	系统软件光碟	F	电脑	J	电脑	N	串行测量板
B1	驱动模块	D	手册光盘	G	数据软盘	K	网络服务器	X	软件
B2	控制模块	E	系统软件	H	示教器	M	软件密钥		

二、焊接机器人本体结构

工业机器人的机械结构，也就是它的执行机构，由一系列连杆、关节或其他形式的运动副组成，可实现各个方向的运动。工业机器人的机械结构包括基座、腰、臂、腕和手等部件，如图1-1-2-3所示。

1. 基座

工业机器人的基座是机器人的基础部分，起支撑作用，整个执行机构和驱动系统都安装在基座上。有时为了能使机器人完成较远距离的操作，可以增加行走机构，行走机构多为滚轮式或履带式，行走方式分为有轨与无轨两种。近几年发展起来的步行机器人的行走机构多为连杆机构。

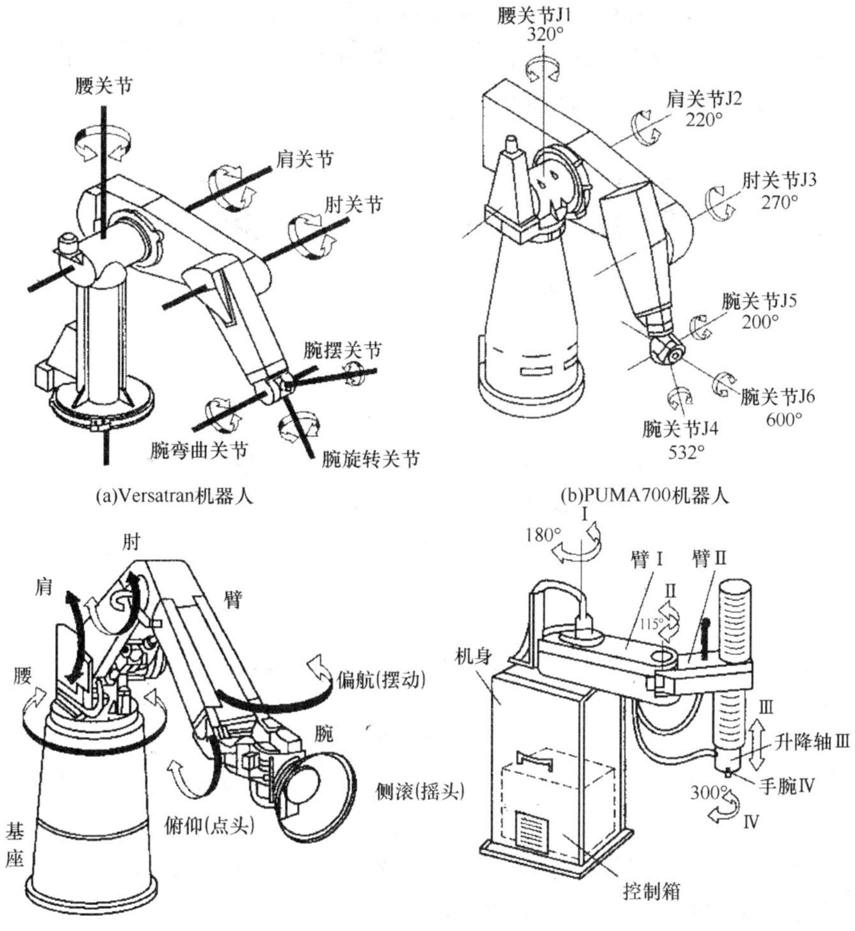

图 1-1-2-3 早期工业机器人的机械结构

2. 腰

工业机器人的腰是臂的支承部分，根据执行机构坐标系的不同，腰可以在基座上转动，也可以和基座制成一体。有时腰也可以通过导杆或导槽在基座上移动，从而增大工作空间。

3. 臂

工业机器人的臂是执行机构中的主要运动部件，用来支承腕和手，并使它们在工作空间内运动，臂的运动方式有直线运动和回转运动两种形式。臂要有足够的承载能力和刚度，导向性好，重量和转动惯量小，运动平稳，定位精度高。

4. 腕

工业机器人的腕是连接臂与手的部件，起支承手的作用，并用于调整手的方向和姿态。机器人一般具有 6 个自由度才能使手部（末端执行器）到达目标位置并处于期望的姿态，腕的自由度主要用于实现所期望的姿态。因此，要求腕部具有回转、俯仰和偏转 3 个自由度，如图 1-1-2-4 所示。通常，把腕的回转称为 Roll，用 R 表示；把腕的俯仰称为 Pitch，用 P 表示；把腕的偏转称为 Yaw，用 Y 表示。

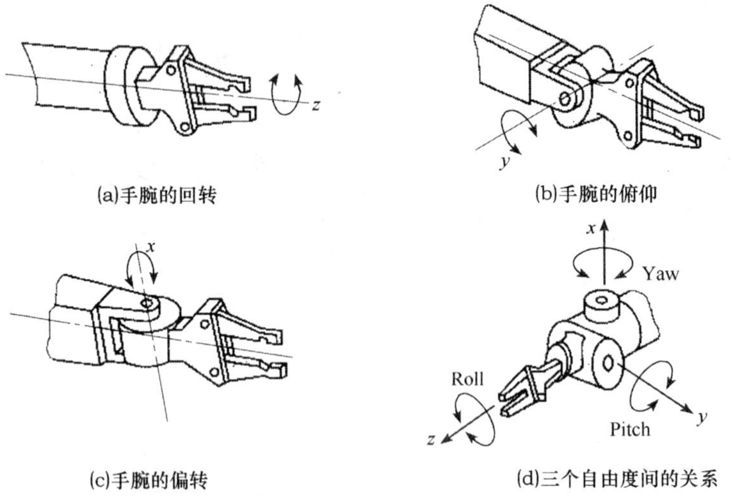

(a)手腕的回转   (b)手腕的俯仰

(c)手腕的偏转   (d)三个自由度间的关系

图 1-1-2-4   工业机器人手腕的自由度

5. 手

工业机器人的手是安装在工业机器人手腕上进行作业的部件。工业机器人的手应具有以下特点：

（1）手是工业机器人的末端执行器。可以像人手一样具有手指，也可以类似于人的手爪，或是专用工具，如焊枪、喷漆枪等。

（2）手与手腕连接处可以拆卸。手与手腕有机械接口，也可能有电、气、液接头，当工业机器人的作业对象不同时，可以很方便地拆卸和更换。

（3）工业机器人的手通常是专用的，一种手爪往往只能抓握一种或几种尺寸、形状及重量相近的工件，只能执行一种作业任务。例如，熔化极气体保护焊焊枪、钨极氩弧焊焊枪、定位焊焊枪夹头等都只能进行相应的焊接。因此，工业机器人的手不具有通用性。

根据工作原理的不同，其夹持装置可分为机械夹紧式、真空抽吸式、气（液）压胀紧式和磁力式四种。

三、变位机

焊接机器人是高度机械自动化甚至是有部分人工智能的焊接作业机械，但是，焊接机器人要拓展其工作范围，要进一步提高和改进焊接质量和机器人本身的利用率，要对复杂工件上的多方位焊缝都能在最佳位置进行焊接，则需要焊接变位机械和其他工艺装备（统称外围设备）的配合。因此，随着焊接机器人的推广应用，配合机器人焊接的各种焊接变位机械也应运而生。变位机的种类比较多，应根据实际情况进行选择。

1. 旋转（回转）工作台（1个轴）

旋转工作台只有一个能使工件回转的台面（1个轴），如图 1-1-2-5 所示。

图 1-1-2-5　旋转工作台

2. 旋转＋倾斜变位机（2个轴）

旋转＋倾斜变位机是在上述旋转工作台的基础上增加一个能使转盘倾斜的轴（2个轴），如图 1-1-2-6 所示。

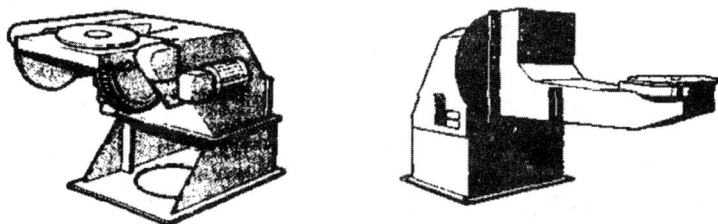

图 1-1-2-6　旋转＋倾斜变位机

3. 翻转变位机

翻转变位机由头座与尾座组成，适用于长工件翻转变位焊接，如图 1-1-2-7 所示。

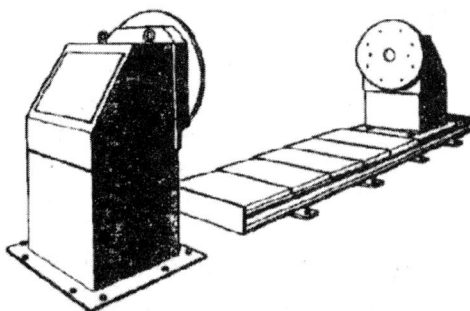

图 1-1-2-7　翻转变位机

4．复合型变位机

复合型变位机是把上述变位机进行组合，有各式各样的结构形式，如图 1-1-2-8 所示。

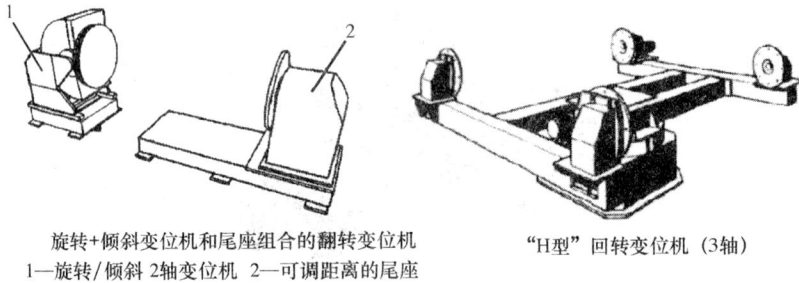

旋转+倾斜变位机和尾座组合的翻转变位机　　　"H型"回转变位机（3轴）
1—旋转/倾斜 2轴变位机　2—可调距离的尾座

图 1-1-2-8　复合型变位机

四、焊接机器人技术指标

工业机器人的技术指标反映了机器人的适用范围和工作性能，是选择、使用机器人必须考虑的关键问题。

1．自由度

自由度是指描述物体运动所需要的独立坐标数。自由物体在空间有 6 个自由度，即 3 个移动自由度和 3 个转动自由度。如果机器人是一个开式连杆系，而每个关节运动副又只有一个自由度，那么机器人的自由度数就等于它的关节数。机器人的自由度数越多，它的功能就越强大，应用范围也就越广。目前，生产中应用的机器人通常具有 4～6 个自由度，计算机器人的自由度时，末端执行件（如手爪）的运动自由度和工具（如钻头）的运动自由度不计算在内。

2．工作范围

机器人的工作范围是指机器人手臂末端或手腕中心运动时所能到达的所有点的集合。由于机器人的用途很多，末端执行器的形状和尺寸也是多种多样的。为了能真实反映机器人的特征参数，工作范围一般指不安装末端执行器时可以到达的区域。由于工作范围的形状和大小反映了机器人工作能力的大小，因而它对于机器人的应用是十分重要的。工作范围不仅与机器人各连杆的尺寸有关，还与机器人的总体结构有关。ABB 机器人的工作范围如图 1-1-2-9 所示，其阴影部分为机器人手臂可以到达的区域。

3．最大工作速度

机器人的最大工作速度是指机器人主要关节上最大的稳定速度或手臂末端最大的合成速度，因生产厂家不同而标注不同，一般都会在技术参数中加以说明。很明显，最大工作速度越高，生产效率也就越高；然而，工作速度越高，对机器人的最大加速度的要求也就越高。

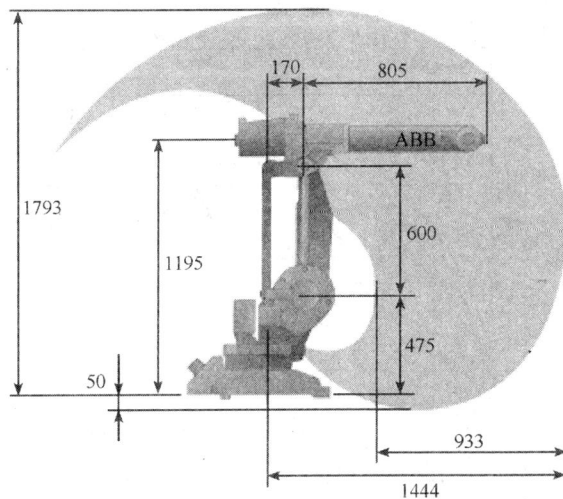

图 1-1-2-9　ABB 机器人的工作范围

4. 负载能力

工业机器人的负载能力又称为有效负载，它是指机器人在工作时臂端可能搬运的物体质量或所能承受的力。当关节型机器人的臂杆处于不同位姿时，其负载能力是不同的。因此，机器人的额定负载能力是指其臂杆在工作空间中任意位姿时腕关节端部所能搬运的最大质量。除了用可搬运质量标示机器人负载能力外，由于负载能力还和被搬运物体的形状、尺寸及其质心到手腕法兰之间的距离有关，因此，负载能力也可用手腕法兰处的输出扭矩来标示。

5. 定位精度和重复定位精度

工业机器人的运动精度主要包括定位精度和重复定位精度。定位精度是指工业机器人的末端执行器的实际到达位置与目标位置之间的偏差。重复定位精度（又称为重复精度）是指在同一环境、同一条件、同一目标动作及同一条指令下，工业机器人连续运动若干次重复定位至同一目标位置的能力。

工业机器人具有绝对精度较低，重复精度较高的特点。一般情况下，其绝对精度比重复精度低一到两个数量级，且重复定位精度不受工作载荷变化的影响，故通常用重复定位精度作为衡量示教再现方式工业机器人精度的重要指标。

点位控制机器人的位置精度不够，会造成实际到达位置与目标位置之间有较大的偏差；连续轨迹控制型机器人的位置精度不够，则会造成实际工作路径与示教路径或离线编程路径之间的偏差，如图 1-1-2-10 所示。

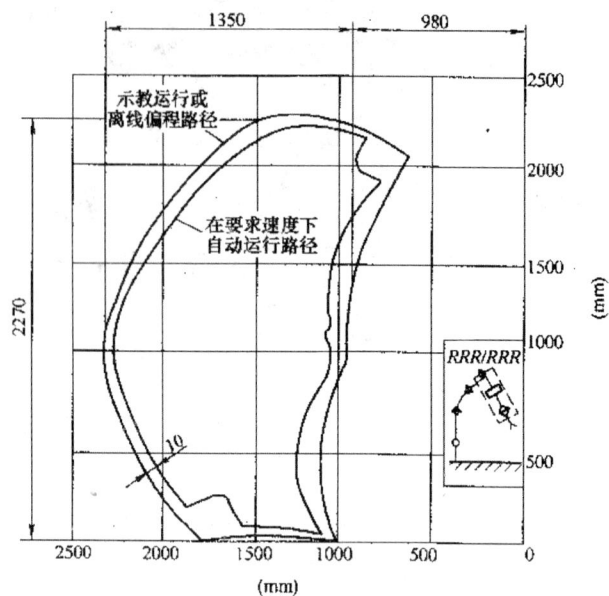

图 1-1-2-10 工作路径与示教路径的偏差

任务准备

实施本次任务所使用的实训设备及工具材料可参考下表。

序号	分类	名称	型号规格	数量	单位	备注
1	设备	焊接机器人一套	IRB1410	1	套	
2	设备	焊接机器人一套	IRB1600	1	套	带水冷系统

任务实施

操纵任务	认识机器人本体各轴的运动特点	姓名	
学号		组别	

1. 查阅设备说明书，认真观察机器人本体各轴运动的方向及特点并将其中一款机器人本体结构资料填入下表中。

	机械结构	
	承重能力	
	定位精度	
	安装方式	
	本体质量	
	电源容量	
	总高	
运动范围	1 轴（旋转）	
	2 轴（旋转）	
	3 轴（旋转）	
	4 轴（旋转）	
	5 轴（旋转）	
	6 轴（旋转）	
最大速度	1 轴（旋转）	
	2 轴（旋转）	
	3 轴（旋转）	
	4 轴（旋转）	
	5 轴（旋转）	
	6 轴（旋转）	

2. 认真观察机器人本体各轴运动的方向，将各轴旋转的"＋""－"方向在下图方框中标记出来。

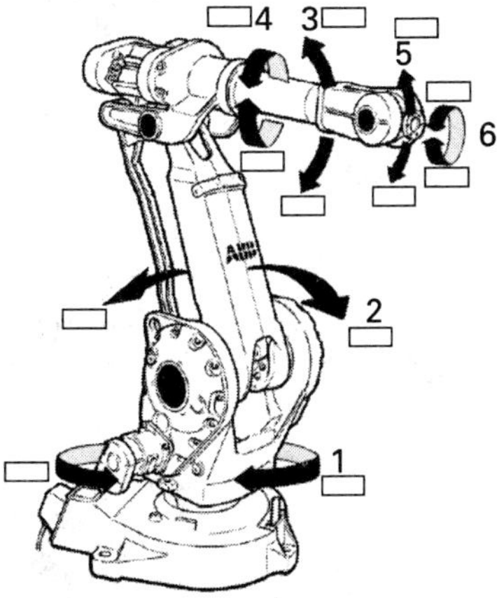

检查评议

姓名			学号		分值	自评	互评	师评
序号	考核项目		评分标准					
1	学习态度		是否守纪（不迟到、不早退、不高声说话、不串岗）		5			
			在任务实施过程中表现出积极性、主动性和发挥作用		5			
2	学习方法		是否运用各种资料提取信息进行学习，获得新知识		2			
			在任务实施过程中，是否发现问题、分析问题和解决问题		3			
			是否认真分析任务		3			
			是否认真将资料完整归档		2			
3	任务完成情况		能否正确使用纸质说明书或电子资料说明书完成任务		20			
			能否掌握本体 6 个轴旋转的方向		20			
			能否完成本体结构资料的填写		30			
4	职业素养		团队关系融洽，共同制订计划完成任务		2			
			发现问题协商解决，认真对待他人意见		2			
			主动沟通，语言表达流利		2			
			具备安全防护与环保意识		2			
			做好 6S（整理、整顿、清洁、清扫、素养、安全）		2			

【想一想　练一练】

1. 焊接机器人本体结构包括哪几个部分？简述其作用。

2. 焊接机器人进行焊接作业时为什么要与焊接变位机械和其他工艺装备进行配合？

3. 焊接变位机分为哪几种形式？

4. 焊接机器人有哪几个重要的技术指标？

任务3　机器人示教器操作

学习目标

知识目标：

1. 熟悉示教器面板按钮的使用方法。

2. 了解示教器的基本构成。

能力目标：

1. 能使用示教器各种按钮。

2. 会使用示教器的操作界面。

任务描述

某企业有一批转岗的新员工需要学习焊接机器人的操作技术，在上岗前需要经过岗前培训，现针对本企业使用的 ABB 公司生产的焊接机器人（IRB1410）进行培训，学习机器人的示教器及其操作界面使用等内容，为后续学习机器人操作打下基础。现需要企业培训师对新员工进行培训。

任务分析

目前焊接领域用的机器人属于第一代机器人——示教再现型机器人。这种机器人最大的特点是使用示教器（示教盒）编辑程序并引导机器人末端工具（焊枪）定点完成调试作业，如图 1-1-3-1 所示。

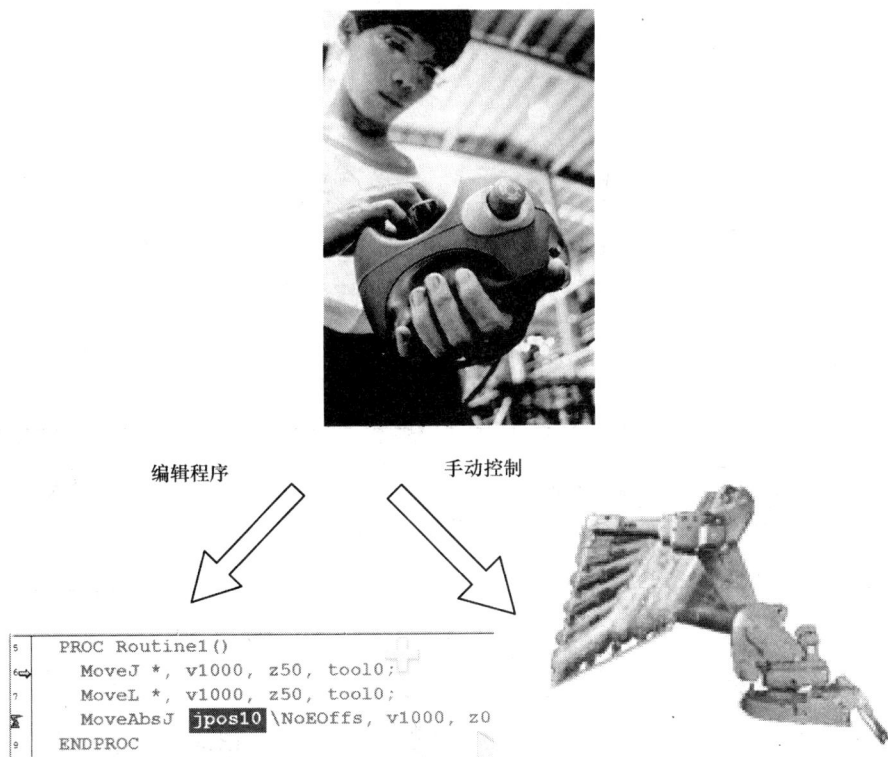

编辑程序　　　　　　　　　手动控制

```
5   PROC Routine1()
        MoveJ *, v1000, z50, tool0;
7       MoveL *, v1000, z50, tool0;
        MoveAbsJ jpos10 \NoEOffs, v1000, z0
9   ENDPROC
```

图 1-1-3-1　调试程序

示教器的使用熟练程度直接关系到编程调试的效率与质量。本次任务重点在于对焊接机器人示教器的正确使用，其中对操纵杆与使能器的操作尤为重要。为此，在了解示教器各个按钮按键的功能后，需要对其进行亲自操作使用；掌握操作方法和注意事项对后续编辑程序和手动控制机器人有非常重要的指导意义。

相关理论

一、示教器结构组成及手持方式

示教器（有时也称为 TPU 或教导器单元）用于处理与机器人系统操作相关的许多功能：运行程序、微动控制操纵器、修改机器人程序等。本款焊接机器人的示教器属于触摸屏操作，易于清洁，且防水、防油、防溅。其主要结构组成如图 1-1-3-2 所示。

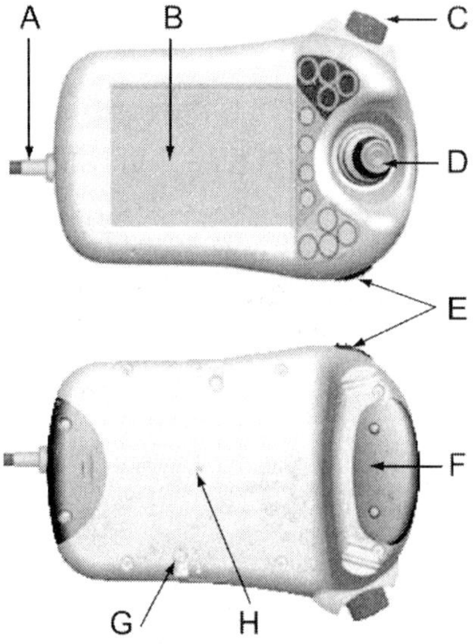

图 1-1-3-2　示教器

序号	名称	功能
A	连接器	由电缆线和接头组成，连接控制柜，主要用于数据的输入
B	触摸屏	显示操作界面，用于点触摸操作
C	紧急停止按钮	紧急停止，断开电机电源
D	控制杆	手动控制机器人运动，属于三方向操纵
E	USB 端口	与外部移动存储器（U 盘）连接进行数据交换
F	使动装置	手动电机上电/失电按钮
G	触摸笔	专用于触摸屏触摸操作
H	重置按钮	重新启动示教器系统

示教器是操作者主要打交道的对象，操作者必须知道应该如何正确去拿示教器，如图 1-1-3-3 所示。

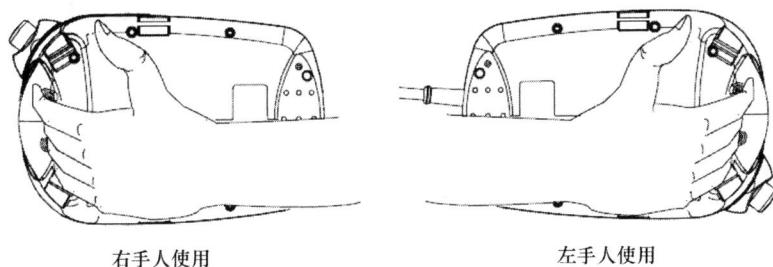

右手人使用　　　　　　　　　　　　　左手人使用

图 1-1-3-3　示教器手持方式

二、示教器面板按钮操作

示教器面板为操作者提供丰富的功能按钮，目的就是使得机器人操作起来更加快捷简便。面板按钮大致分为三个功能区域：自定义功能键、选择切换功能键与运行功能键，如图 1-1-3-4 所示。

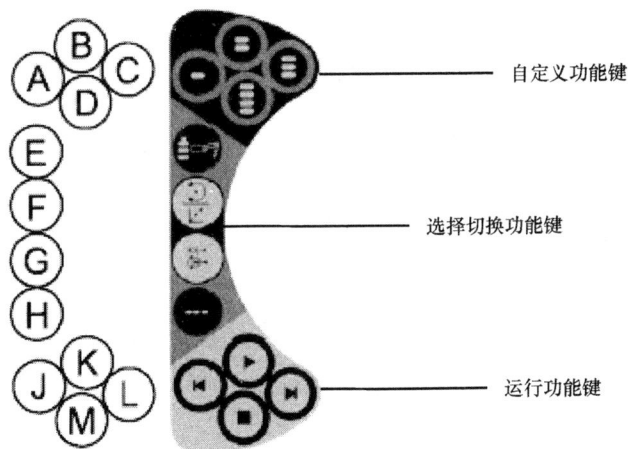

自定义功能键

选择切换功能键

运行功能键

图 1-1-3-4　示教器面板

1. 自定义功能键

这类按钮的功能可以根据个人习惯或工种需要自己设定它们各自的功能，设置需要进入控制面板的自定义功能键设定中操作。对于机器人焊接来说，一般情况下，

A——手动出丝，目的：检验送丝轮工作是否正常或者方便机器人编程时定点等；

B——手动送气，目的：确认气瓶是否打开与调节送气流量；

C——手动焊接，目的：手动点焊时使用（不常用）；

D——不进行设置，待需要某项手动功能时再进行设置。

2. 选择切换功能键

这类按钮可以根据它们上面的图标提示看出它们的功能作用。

E——切换机械单元，通常情况下切换机器人本体与外部轴；

F——"线性"与"重定位"模式选择切换，按一下按钮会选择"线性"模式，再按一下会切换成"重定位"模式；

G——1-3轴与4-6轴模式选择切换，按一下按钮会选择1-3轴运动模式，再按一下会切换成4-6轴运动模式；

H——"增量"切换，按一下按钮切换成有"增量"模式（增量大小在手动操纵中设置），再按一下切换成无"增量"模式。

3. 运行功能键

运行功能键在运行程序时使用，按下"使能器"启动电机后才能使用该区域按钮。

J——（步退）按钮，使程序后退一步的指令；

K——（启动）按钮，开始执行程序；

L——（步进）按钮，使程序前进一步的指令；

M——（停止）按钮，停止程序执行。

三、示教器操作界面介绍

示教器在没有进行任何操作之前，它的触摸屏界面大致由四部分组成：系统主菜单、状态栏、任务栏和快捷菜单，如图1-1-3-5所示。

图 1-1-3-5　示教器操作界面

1. 系统主菜单

单击主菜单"ABB"，操作界面会跳出一个界面，这个界面就是机器人操作、调试、配置系统等各类功能的入口，如图1-1-3-6所示。

图1-1-3-6　系统主菜单

图标及名称	功能
HotEdit	在程序运行的情况下，坐标和方向均可调节
输入输出	查看输入输出信号
手动操纵	手动移动机器人时，通过该按钮选择需要控制的单元，如机器人或变位机等
自动生产窗口	由手动模式切换到自动模式时，此窗口自动跳出，用于在自动运行过程中观察程序运行状况
程序编辑器	用于建立程序、修改指令及程序的复制、粘贴等操作
程序数据	设置数据类型，即设置应用程序中不同指令所需的不同类型数据
备份与恢复	备份程序、系统参数等
RobotWare Arc	弧焊软件包，主要用于启动与锁定焊接等功能
注销	切换使用用户

续表

图标及名称	功能
Production Manager	生产经理，显示当前的生产状态
校准	用于输入、偏移量及零位等校准
控制面板	参数设定、I/O单元设定、弧焊设备设定、自定义键设定及语言选择等
事件日志	记录系统发生的事件，如电机上电/失电、出现操作错误等
FlexPendant 资源管理器	新建、查看、删除文件夹或文件等
系统信息	查看整个控制器的型号、系统版本和内存等信息
重新启动	重新启动系统

2. 状态栏

状态栏会显示当前状态的相关信息，例如操作模式、系统、活动机械单元，如图 1-1-3-7 所示。

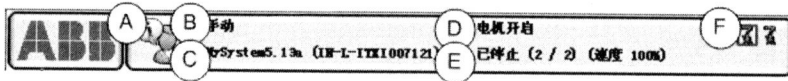

图 1-1-3-7　状态栏

A——操作员窗口；

B——操作模式；

C——系统名称（或控制器名称）；

D——控制器状态；

E——程序状态；

F——机械单元，选定单元（以及与选定单元协调的任何单元）以边框标记，活动单元显示为彩色，而未启动单元则呈灰色。

3. 任务栏

任务栏用于存放已打开的窗口，最多能存放 6 个窗口，如图 1-1-3-8 所示。

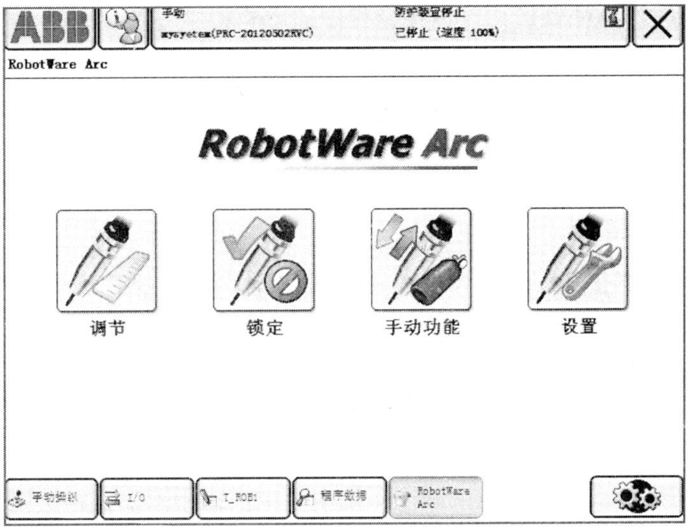

图 1-1-3-8　任务栏

4.快捷菜单

快捷菜单采用更加快捷的方式,菜单上的每个按钮显示当前选择的属性值或设置。在手动模式中,快捷菜单按钮显示当前选择的机械单元、运动模式和增量大小,如图1-1-3-9所示。

图 1-1-3-9　快捷菜单

A——机械单元,快速选择机械单元、动作模式、坐标系、工具、工件;

B——增量,设置增量移动;

C——运行模式,用户可以定义程序执行一次就停止,也可以定义程序持续运行;

D——单步模式，可以定义逐步执行程序的方式；

E——速度，速度设置适用于当前操作模式。但是，如果降低自动模式下的速度，那么更改模式后该设置也适用于手动模式；

F——任务，停止或启动机器人工作的任务。

四、使能器及摇杆的正确使用

1. 使能器

使能器按钮是工业机器人为保证操作人员安全而设置的。只有在按下使能器按钮并保持在"电机开启"的状态，才可以对机器人进行手动的操作与程序的调试。当发生危险时，人会本能地将使能器按钮松开或抓紧，机器人则会马上停下来，保证安全。使能器按钮有以下三个位置：

（1）不按（释放状态）。机器人电动机不上电，机器人不能动作。

（2）轻轻按下。机器人电动机上电，机器人可以按指令或摇杆操纵方向移动。

（3）用力按下。机器人电动机失电，机器人停止运动。

2. 摇杆

摇杆主要用于手动操作机器人运动时使用，它属于三方向控制，摇杆扳动幅度越大，机器人移动的速度越大。摇杆的扳动方向与机器人的移动方向取决于选定的动作模式，动作模式中提示的方向为正向移动，反方向为负方向移动。

五、示教器使用安全注意事项

1. 小心操作，不要摔打、抛掷或重击 FlexPendant，这样会导致其破损或故障。在不使用该设备时，将它挂到专门存储它的墙壁支架上，避免意外掉到地上。

2. FlexPendant 的使用和存储应避免被人踩踏电缆。

3. 切勿使用锋利的物体（例如螺丝刀或笔尖）操作触摸屏，这样可能会使触摸屏受损。应用手指或触摸笔（位于带有 USB 端口的 FlexPendant 的背面）去操作示教器触摸屏。

4. 定期清洁触摸屏。灰尘和小颗粒可能会挡住屏幕造成故障。

5. 切勿使用溶剂、洗涤剂或擦洗海绵清洁 FlexPendant。使用软布蘸少量水或中性清洁剂清洁。

6. 没有连接 USB 设备时务必盖上 USB 端口的保护盖。如果端口暴露到灰尘中，那么它会中断或发生故障。

任务准备

实施本次任务所使用的实训设备及工具材料可参考下表。

序号	分类	名称	型号规格	数量	单位	备注
1	设备	焊接机器人	IRB1410	1	套	
2	设备	焊接机器人	IRB1600	1	套	带水冷系统

任务实施

操纵任务	改变示教器的手持方式		姓名	
学号			组别	

① 打开 "ABB" 主菜单

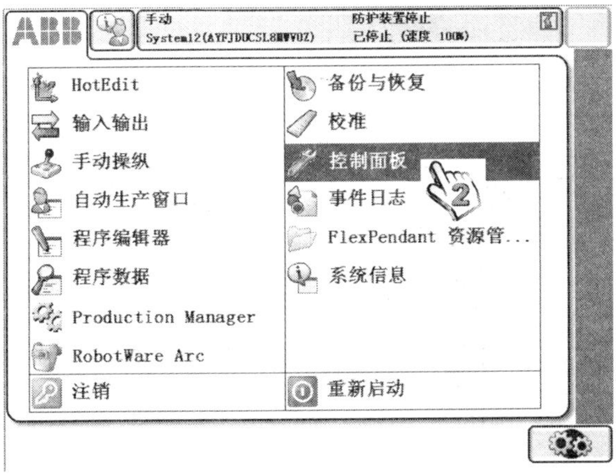

② 打开 "控制面板" 界面进行选择

续表

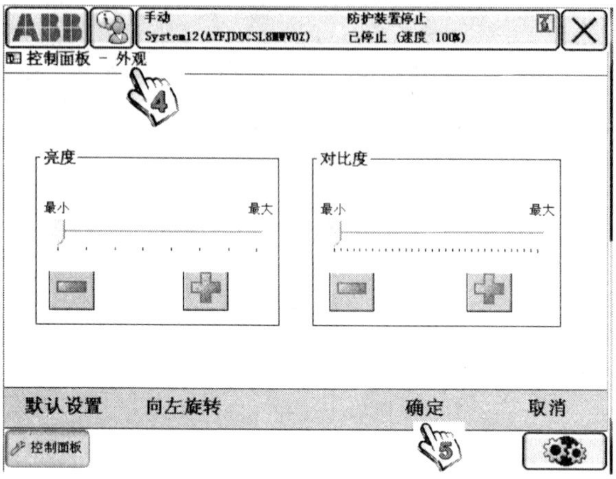	选择"外观"进行设置 单击"确定"完成设置
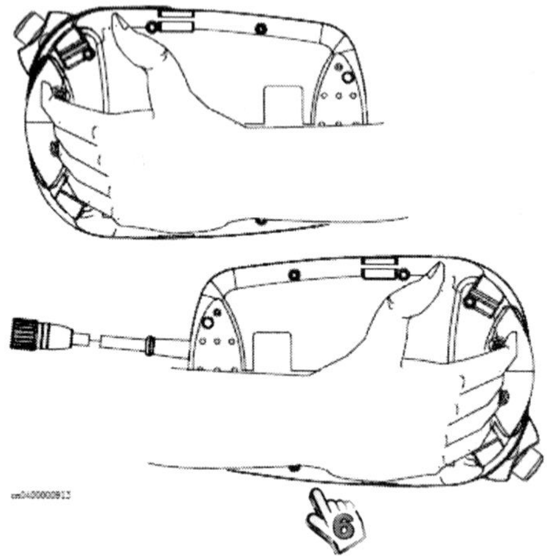	现在可以将示教器进行换手操作

操纵任务	更改示教器的日期和时间	姓名	
学号		组别	

	单击"ABB"进入主菜单界面

续表

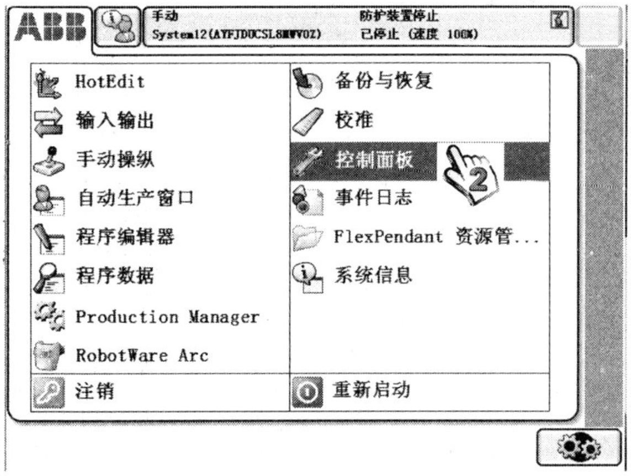

	选择"控制面板"
	选择"日期和时间"设置示教器的日期和时间
	在"日期和时间"窗口内单击加减符号设置当前日期和时间 单击"确定"完成设置 必须设置正确日期和时间,以免在日后进行系统的备份与恢复操作中造成混乱

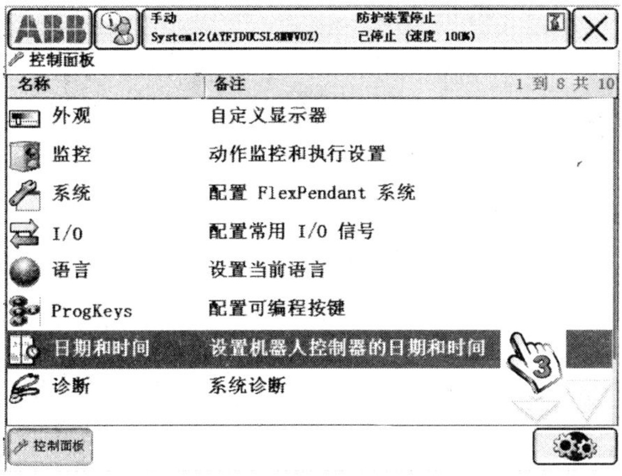

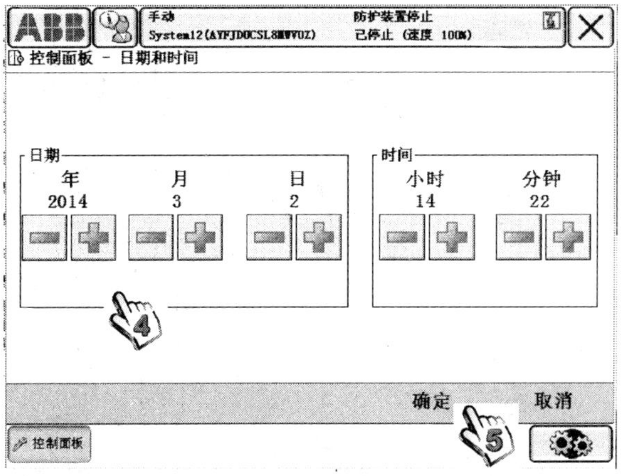

续表

操纵任务	安全关闭焊接机器人系统电源	姓名	
学号		组别	

1 在 ABB 主菜单界面中选择"重新启动"

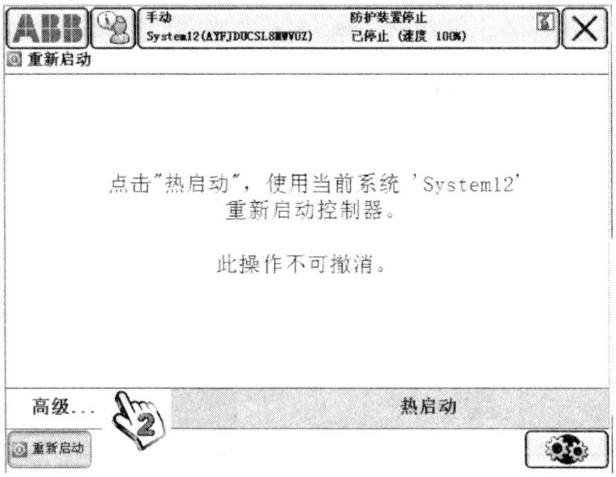

2 在"重新启动"界面中选择"高级"选项

如果选择"热启动",则系统会马上进入常规的重新启动画面

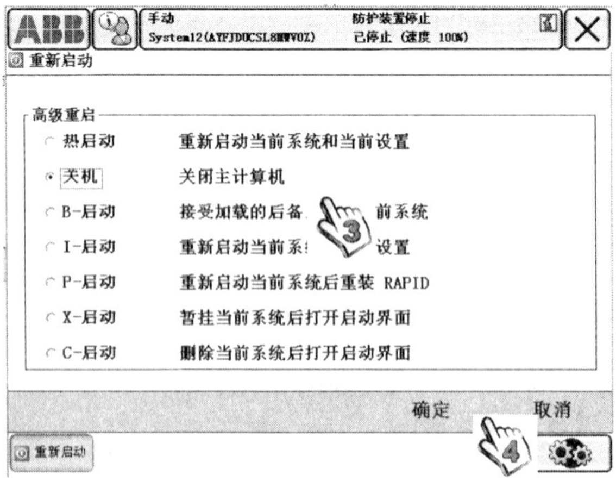

3 在"高级重启"选项中选择"关机"

"高级重启"选项中的不同启动方式会实现不同的功能,在没有教师(管理员)的指导下不能随便选择,以防数据的丢失

4 单击"确定"退出选择界面

点击"关机"关闭主计算机。按下主计算机
上的电源按钮可重新启动。

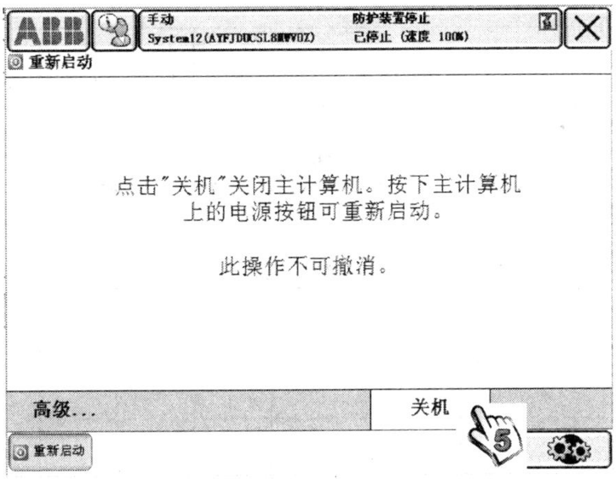

此操作不可撤消。

高级...　　　　　　　　　　　关机

重新启动

返回"重新启动"界面后选
择"关机"

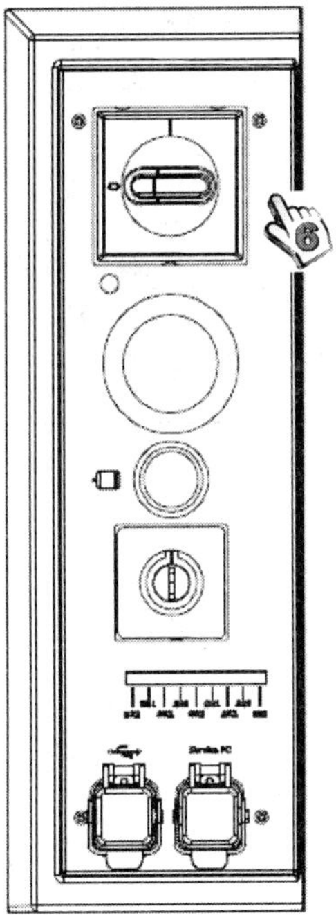

当系统完全关闭后示教器屏
幕会出现白色屏幕,这时可以将
控制柜上的电源档位打至"0"档
切断电源

检查评议

姓名			学号		分值	自评	互评	师评
序号	考核项目		评分标准					
1	学习态度		是否守纪（不迟到、不早退、不高声说话、不串岗）		5			
			在任务实施过程中表现出积极性、主动性和发挥作用		5			
2	学习方法		是否运用各种资料提取信息进行学习，获得新知识		2			
			在任务实施过程中，是否发现问题、分析问题和解决问题		3			
			是否认真分析任务		3			
			是否认真将资料完整归档		2			
3	任务完成情况		能否正确设置示教器的手持方式的切换		20			
			能否设置示教器的日期和时间		20			
			能否正确关闭机器人系统		30			
4	职业素养		团队关系融洽，共同制订计划完成任务		2			
			发现问题协商解决，认真对待他人意见		2			
			主动沟通，语言表达流利		2			
			具备安全防护与环保意识		2			
			做好 6S（整理、整顿、清洁、清扫、素养、安全）		2			

【想一想 练一练】

1. 焊接机器人的示教器有何作用？

2. "使能器"分为哪几个档位？如何进行操作？

3. 摇杆如何控制机器人运动的速度？

4. 如何定义自定义功能键？

任务 4 焊接机器人系统介绍与操作

学习目标

知识目标：

1. 掌握焊接机器人系统（IRC5）的特点。

2. 掌握焊接机器人系统重启功能的具体应用。

能力目标：

1. 能进行焊接机器人数据的备份与恢复操作。

2. 能进行焊接机器人转数计数器的更新操作。

任务描述

　　某企业有一批转岗的新员工需要学习焊接机器人的操作技术，在上岗前需要经过岗前培训，现针对本企业使用的 ABB 公司生产的焊接机器人（IRB1410）进行培训，学习焊接机器人的操作系统等内容，为后续学习机器人操作打下基础。现需要企业培训师对新员工进行培训。

任务分析

　　人体最重要的部分是大脑，大脑可以指挥人体的各个部分执行各种不同的动作。焊接机器人要执行焊接或者运动等功能活动时也必须听从"大脑"的指挥，这个"大脑"就是它的系统。

　　焊接机器人系统是控制器（控制柜）上运行的软件。它由连接在计算机的机器人的特定 RobotWare 部分、配置文件和 RAPID 程序组成。控制器（控制柜）如图 1-1-4-1所示。

图 1-1-4-1　控制器（控制柜）

　　只包含 RobotWare 部分和默认配置的系统被称为空系统。进行了机器人或者特定过程配置之后，就定义了 I/O 信号或者创建了 RAPID 程序，系统不再为空。

荷载系统指启动后将在控制器上运行的系统。控制器只能荷载一个系统，但是控制器硬盘或者计算机网络任何盘上可以存储其他系统。

无论是在真实控制器还是虚拟控制器中荷载系统时，用户通常都会编辑其内容，如 RAPID 程序和配置。对于已存储的系统，用户可以使用 RobotStudio 中的 SystemBuilder 进行变更，比如添加和删除选项以及替换整个配置文件等。

本次任务重点在于对焊接机器人控制系统（IRC5）的基础理论知识的了解和掌握系统的基础操作，这有利于操作者在日后遇到系统故障时能够分析故障原因并及时排除。

相关理论

一、IRC5 系统简介

IRC5 控制器（灵活型控制器）由一个控制模块和一个驱动模块组成，可选增一个过程模块以容纳定制设备和接口，如点焊、弧焊和胶合等。配备这三种模块的灵活型控制器完全有能力控制一台 6 轴机器人外加伺服驱动工件定位器及类似设备。如需增加机器人的数量，只需为每台新增机器人增装一个驱动模块，还可选择安装一个过程模块，最多可控制 4 台机器人在 MultiMove 模式下作业。各模块间只需要两根连接电缆，一根为安全信号传输电缆，另一根为以太网连接电缆，供模块间通信使用，模块连接简单易行。

控制模块作为 IRC5 的心脏，自带主计算机，能够执行高级控制算法，为多达 36 个伺服轴进行 MultiMove 路径计算，并且可指挥 4 个驱动模块。控制模块采用开放式系统架构，配备基于商用 Intel 主板和处理器的工业 PC 机以及 PCI 总线。由于采用标准组件，用户不必担心设备淘汰问题，随着计算机处理技术的进步能随时进行设备升级。

1. ABB 机器人系统组成

工业机器人是目前技术上最成熟的机器人，它实质上是根据预先编制的操作程序自动重复工作的自动化机器，所以这种机器人也称为重复型工业机器人。ABB 机器人作为工业机器人的典型例子，它主要由机器人本体、控制柜及示教器等组成，如图 1-1-4-2 所示。

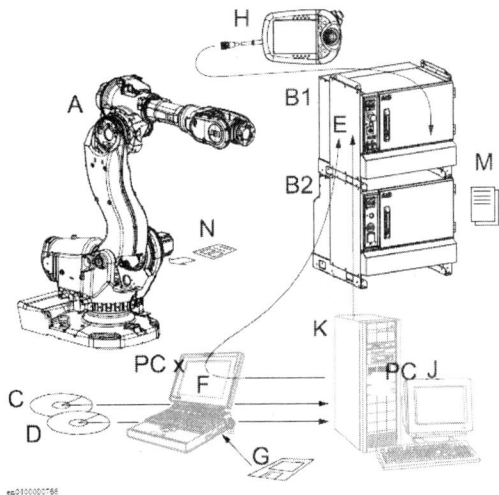

图 1-1-4-2 ABB 机器人系统

序号	名称	序号	名称	序号	名称	序号	名称	序号	名称
A	机器人本体	C	系统软件光碟	F	电脑	J	电脑	N	串行测量板
B1	驱动模块	D	手册光盘	G	数据软盘	K	网络服务器	X	软件
B2	控制模块	E	系统软件	H	示教器	M	软件密钥		

2. ABB 焊接机器人本体

机器人本体用于搬运工作和夹持焊枪，执行工作任务，结构如图 1-1-4-3 所示。

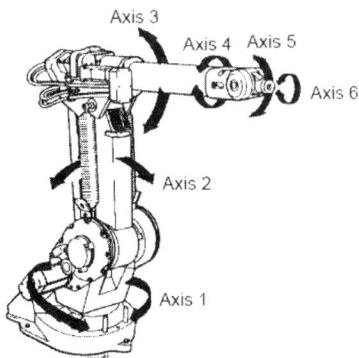

图 1-1-4-3 机器人本体结构图

3. IRC5 控制器

控制器用于安装 IRC5 系统需要的各种控制单元，并进行数据处理及储存、执行程序等，它是机器人系统的大脑。控制器分控制模块和驱动模块，如系统中含多台机器人，需要1个控制模块及对应数量的驱动模块（现在单机器人系统一般使用整合型单柜控制器）。一个系统最多包含36个驱动单元（最多4台机器人），一个驱动模块最多包含9个驱动单元，可处理6个内轴及2个普通轴或附加轴（取决于机器人型号）。IRC5控制器如图1-1-4-4所示。

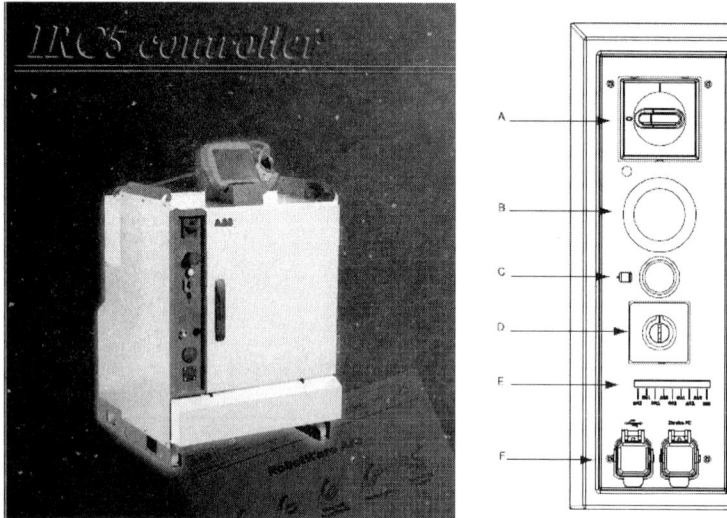

图 1-1-4-4　IRC5 控制器

序号	名称	序号	名称	序号	名称
A	主电源开关	B	紧急停止按钮	C	电机上电/失电开关
D	模式选择按钮	E	安全指示灯	F	微机连接端口

（1）主电源开关　主电源开关是整个机器人系统的电源开关，开关设有两个档位（0档与1档），0档关闭电源，1档开启电源。焊接机器人系统中的焊机有独立的电源开关。

（2）紧急停止按钮　在任何运动模式的情况下都可以使用紧急停止按钮，按下紧急停止按钮机器人立即停止工作。要是机器人重新动作，需要把紧急停止按钮旋起释放。

（3）电机上电/失电开关　此按钮表示机器人电动机的工作状态，按键灯常亮，表示上电状态，机器人的电动机被激活，已准备好执行程序；按键灯快闪，表示机器人未同步（计数器未更新），但电动机已被激活；按键灯慢闪，表示至少有一种安全停止（紧急停止或模式切换）生效，电动机未被激活，需要按下此开关激活电动机。

（4）模式选择按钮　根据工作情况不同机器人工作模式一般有三种：

A. 自动模式　程序调试完成并确认无误后，机器人进入自动运行工作状态，在此状态下，操纵杆不能使用，只能使用工位按钮运行程序。

B. 手动减速模式　在手动模式下操作机器人时，由于操作人员距机器人很近，因此会禁用安全保护机制。操纵工业机器人可能会产生危险，因此应以可控方式进行操纵。在手动模式中，机器人将以减速模式运行，速度通常为250mm/s。手动减速模式常用于创建或调试程序。

C. 手动全速模式　如要在与实际情况相近的情况下调试机器人就要使用手动全速模式，这种模式运行的速度与自动模式的运行速度是一样的。例如，在此模式下可测试机器人与传动带或其他外部设备是否同步运行。手动全速模式用于测试和编辑程序。

（5）微机连接端口　一般微机连接端口设有一个网线连接与一个USB连接端口。

二、系统数据的备份与恢复

定期对ABB焊接机器人的数据进行备份，是保证ABB焊接机器人正常工作的良好习惯，这样做可以防止由于误操作使得数据丢失。

ABB焊接机器人数据备份的对象是所有正在系统内存运行的RAPID程序和系统参数。当机器人系统出现错乱或者重新安装系统以后，可以通过备份快速地把机器人恢复到故障前的状态。

备份可保存所有系统参数、系统模块、程序模块等。备份文件以目录形式存储，默认目录名后缀为当前日期。一般存储在系统的BACKUP目录中，包含以下内容：

BACKINFO目录——当前备份的相关信息；

HOME目录——复制系统HOME目录中的内容（建议程序存储目录）；

RAPID目录——保存当前加载到内存中的程序；

SYSPAR目录——保存系统参数配置文件（如EIO. cfg，PROC. cfg）；

system. xml——可查看系统信息，如版本、控制器密匙、机器人型号、机器人密匙、软件配置选项等。

恢复功能仅限于使用本机的备份文件，在进行恢复时要注意的是，备份数据是具有唯一性的，不能将一台机器人的备份恢复到另一台机器人中去，这样做会造成系统故障。

三、重新启动功能

ABB机器人系统可以长时间无人操作，无须定期重新启动运行的系统。以下情况下需重新启动机器人系统：

1. 安装了新的硬件。

2. 更改了机器人系统配置文件。

3. 添加并准备使用新系统。

4. 出现系统故障（SYSFAIL）。

重启类型有以下几种：

W——启动重新启动并使用当前系统（热启动）

想重新启动并选择其他系统。引导应用程序将在启动时启用。

X——启动重启并选择其他系统（X-启动）

想切换至其他已安装的系统或是安装一个新系统，并且同时从控制器删除当前系统。警告：此操作不可撤销。系统和 RobotWare 系统包将被删除。

C——启动重启并删除当前系统（C-启动）

想删除所有用户加载的 RAPID 程序。警告！此操作不可撤销。

P——启动重启并删除程序和模块（P-启动）

想返回默认系统设置。警告：此操作将从内存中删除所有用户定义的程序和配置，并以出厂默认设置重新启动系统。

I——启动重启并返回到默认设置（I-启动）

系统已被重新启动，并且用户希望从最近一次成功关闭的状态使用该映像文件（系统数据）重新启动当前系统。

B——从以前存储的系统重新启动（B-启动）

想要关闭和保存当前系统，同时关闭主机。

四、机器人转数计数器的更新

ABB 机器人 6 个关节轴都有一个机械原点的位置。在以下的情况，需要对机械原点的位置进行转数计数器更新操作：

1. 更换伺服电动机转数计数器电池后。

2. 当转数计数器发生故障修复后。

3. 转数计数器与测量板之间断开以后。

4. 断电后，机器人关节轴发生了移动。

5. 当系统报警提示"10036 转数计数器未更新"时。

任务准备

实施本次任务所使用的实训设备及工具材料可参考下表。

序号	分类	名称	型号规格	数量	单位	备注
1	设备	焊接机器人	IRB1410	1	套	
2	设备	焊接机器人	IRB1600	1	套	带水冷系统

任务实施

操纵任务	系统数据的备份与恢复操作	姓名	
学号		组别	

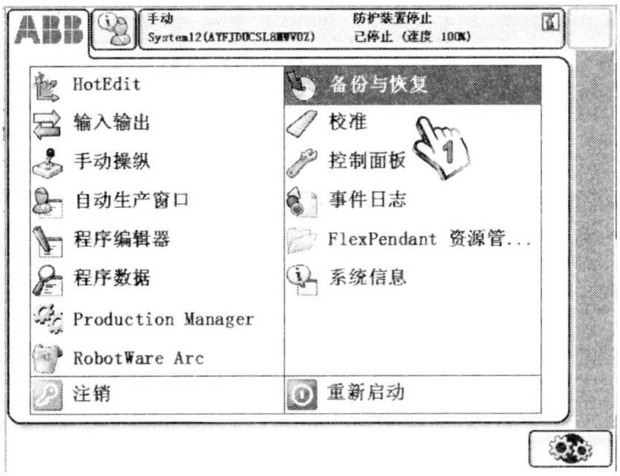

1 在主菜单界面中选择"备份与恢复"

2 选择"备份当前系统"将焊接机器人的各项数据参数进行备份

3 备份的系统数据会以文件夹的形式存储在系统默认的文件夹中，选择"备份"进行系统备份

若系统的日期设置正确，备份后的文件夹名称会显示备份时的日期，如 Backup _ 20140303

ABB 手动 System12(AYFJDUCSL8NWVOZ) 防护装置停止 已停止 (速度 100%) 备份与恢复 点击相应的图标，以选择备份当前系统或恢复旧系统。 备份当前系统… 恢复系统… 备份恢复	4 当需要恢复以前备份好的系统时，可以在"备份与恢复"界面中选择"恢复系统"
ABB 手动 System12(AYFJDUCSL8NWVOZ) 防护装置停止 已停止 (速度 100%) 选择文件夹 名称 类型 1 到 1 共 1 Backup_20140303 文件夹 选定的文件 o/ABB Library/Default Systems/System12/BACKUP 夹 确定 取消 备份恢复	5 找出需要恢复的系统文件夹并选中，选择"确定" 系统恢复会将整个文件夹内的数据（如工作程序数据）与系统一起恢复，所以恢复需要选择整个文件夹而不是单个文件
ABB 手动 System12(AYFJDUCSL8NWVOZ) 防护装置停止 已停止 (速度 100%) 恢复系统 点击"恢复"以恢复选定的备份。 **恢复后将执行热启动。** 对系统参数与模块所作的所有 未保存更改都将丢失。 备份文件夹： C:/Program Files/ABB Industrial IT/Robot … 恢复 取消 备份恢复	6 确认需要恢复的系统文件夹，选择"恢复"，系统进入几分钟的恢复画面

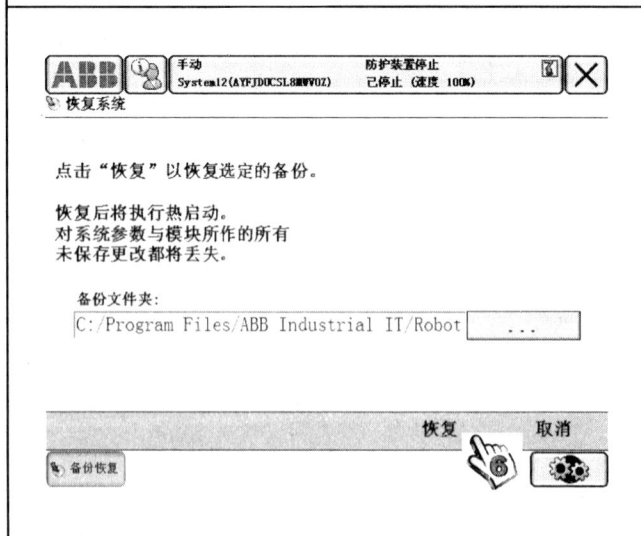

续表

<table>
<tr><td>操纵任务</td><td>更新转数计数器操作</td><td>姓名</td><td></td></tr>
<tr><td>学号</td><td></td><td>组别</td><td></td></tr>
<tr><td colspan="2">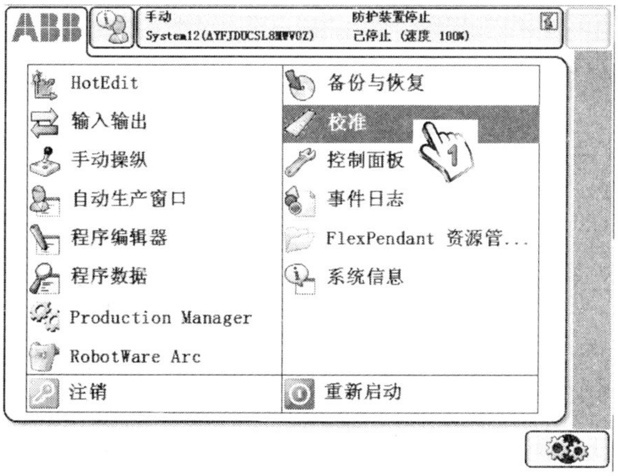</td><td colspan="2">1 在主菜单界面中选择“校准”</td></tr>
<tr><td colspan="2">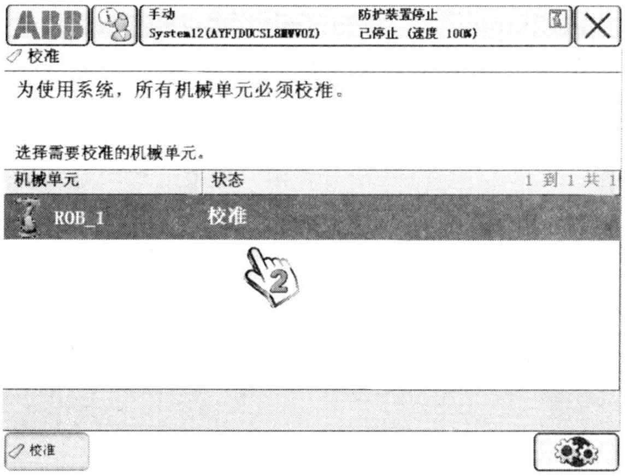</td><td colspan="2">2 双击需要校准的机械单元，无变位机系统只需双击机器人本体</td></tr>
<tr><td colspan="2">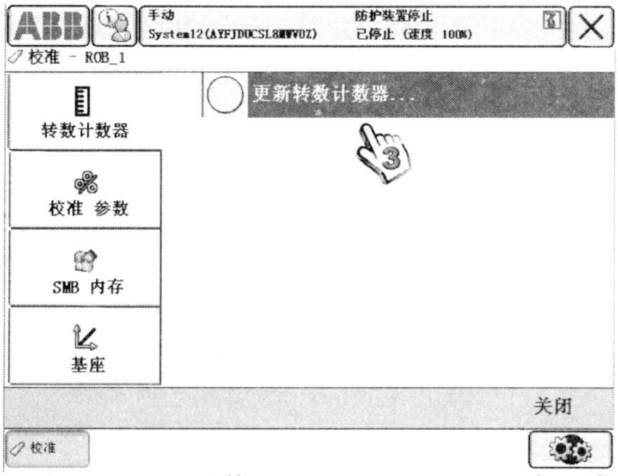</td><td colspan="2">3 选择“更新转数计数器”</td></tr>
</table>

续表

	👆4 选择"是"
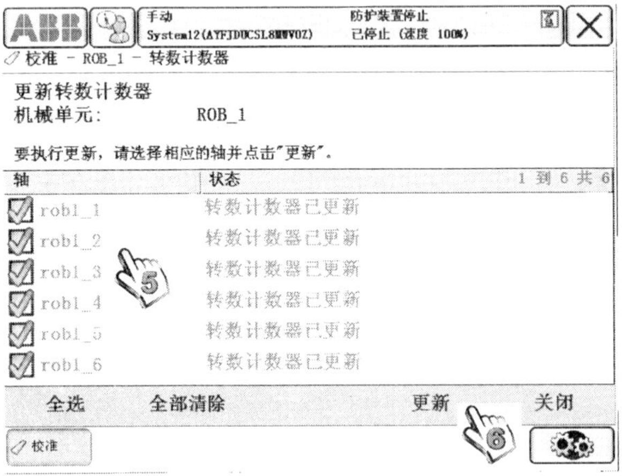	👆5 在更新列表中选择需要更新的目标轴，不需要单独更新则单击"全选" 👆6 选择"更新"
	👆7 将机器人的6个轴手动移动到"零点"的位置，手动移动见后续操作任务练习

⑧ 单击"更新"按钮，让系统进入更新转数计数器的计算画面（需要几分钟时间）

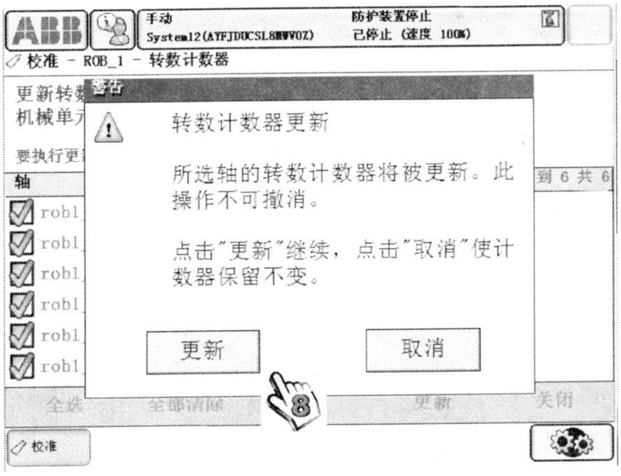

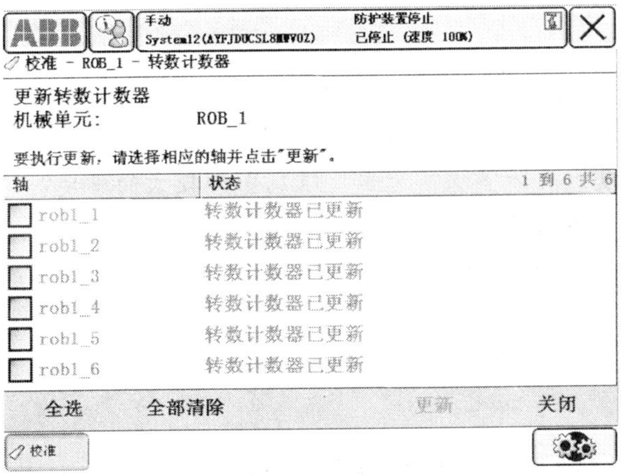

检查评议

姓名		学号		分值	自评	互评	师评
序号	考核项目	评分标准		分值	自评	互评	师评
1	学习态度	是否守纪（不迟到、不早退、不高声说话、不串岗）		5			
		在任务实施过程中表现出积极性、主动性和发挥作用		5			
2	学习方法	是否运用各种资料提取信息进行学习，获得新知识		2			
		在任务实施过程中，是否发现问题、分析问题和解决问题		3			
		是否认真分析任务		3			
		是否认真将资料完整归档		2			

姓名			学号		分值	自评	互评	师评
序号	考核项目		评分标准		分值	自评	互评	师评
3	任务完成情况		能否理解系统各种重启类型的使用场合		20			
			能否将系统进行备份和恢复操作		20			
			能否成功将转数计数器进行更新操作		30			
4	职业素养		团队关系融洽，共同制订计划完成任务		2			
			发现问题协商解决，认真对待他人意见		2			
			主动沟通，语言表达流利		2			
			具备安全防护与环保意识		2			
			做好6S（整理、整顿、清洁、清扫、素养、安全）		2			

【想一想　练一练】

1. 为什么在进行转数计数器更新操作前要确认机器人本体各轴是否属于原点位置？
2. 手动模式时的机器人运动速度最大为多少？为何要限制手动模式的速度？
3. 手动全速模式在何种情况下才使用？
4. 电机上电/失电开关在什么情况下可以使用？

项目二　手动控制机器人

任务1　逐轴控制机器人运动

学习目标

知识目标：

1. 掌握各轴的运动规律。

2. 理解逐轴运动的意义。

能力目标：

1. 能够使用摇杆移动各轴回原点。

2. 能够准确控制机器人各轴的运动方向。

任务描述

某企业有一批转岗的新员工需要学习焊接机器人的操作技术，在上岗前需要经过岗前培训，现针对本企业使用的 ABB 公司生产的焊接机器人（IRB1410）进行培训，当操作人员在编辑完程序之后必须对程序中的相关目标点进行位置和姿态的确定，这时操作人员要学习焊接机器人的手动控制机器人之逐轴控制机器人运动等内容。现需要企业培训师对新员工进行培训。

任务分析

微动控制就是使用示教器的控制杆手动定位或移动机器人或外轴，只有在手动模式（手动全速模式）下可以进行微动控制。无论示教器上显示什么视图都可以进行微动控制，但在程序执行过程中无法进行微动控制。

机器人在手动模式中，操作人员在编辑完程序之后必须对程序中的相关目标点进行位置和姿态的确定，这需要操作者有很好的控制机器人的各个轴运动的能力才能准确地将焊枪的中心点（TCP）移动到指定位置。逐轴控制机器人运动是微动控制最基本的一个操作技能，但同时也是一个很关键的环节，以下情况需要采用逐轴微动控制：

1. 将机械单元移出危险位置；
2. 将机器人轴移出奇异点（本体 4 轴与 5 轴成同一直线时为"奇异点"）；
3. 定位轴进行微校。

相关理论

一、动作模式与操纵杆方向

机器人的动作模式有三种：单轴运动、线性与重定位模式。选定的动作模式和坐标系就确定了机器人移动的方式。在线性动作模式下，工具中心点沿空间内的直线移动，即"从 A 点到 B 点移动"方式。工具中心点按选定的坐标系轴的方向移动。

在逐轴模式下，一次只能移动一根机器人轴。因此，很难预测工具中心点将如何移动。

附加轴只能进行逐轴微动控制，且不受选定的坐标系影响。附加轴可设计为进行某种线性动作或旋转（角）动作的轴。线性动作用于传送带（直线导轨），如图 1-2-1-1 所示。

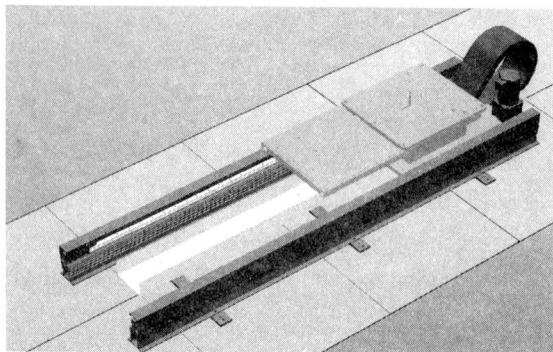

图 1-2-1-1 直线导轨

旋转动作用于各种工件操纵器（变位机），如图 1-2-1-2 所示。

图 1-2-1-2 旋转变位机

控制杆方向的含义取决于选定的动作模式。操纵杆图示窗口中的黄色线头方向表示操纵杆沿此方向扳动，机器人将沿着对应的坐标或者轴正向移动。具体的动作模式与操纵杆方向移动方式及说明见下表。

动作模式	控制杆图示	说明
轴 1-3 模式	操纵杆方向 2 1 3	机器人的 1、2、3 轴必须单独运动，没有联动关系

续表

动作模式	控制杆图示	说明
轴 4-6 模式	操纵杆方向　5　4　6	机器人的 4、5、6 轴必须单独运动，没有联动关系
线性模式	操纵杆方向　X　Y　Z	机器人的工具姿态不变，工具中心点（TCP）在空间内直线移动，各轴的转动角度由控制器运算后决定
重定位模式	Joystick directions　X　Y　Z	机器人的工具中心点位置不变，工具绕指定的坐标轴旋转，各轴的转动角度由控制器运算后决定。

注：由于机器人本体一般有 6 个轴且示教器上的操纵杆为三方向控制，所以逐轴运动需要分为"轴 1-3 模式"与"轴 4-6 模式"，才能完全控制机器人各个轴运动（如图 1-2-1-3 所示）。

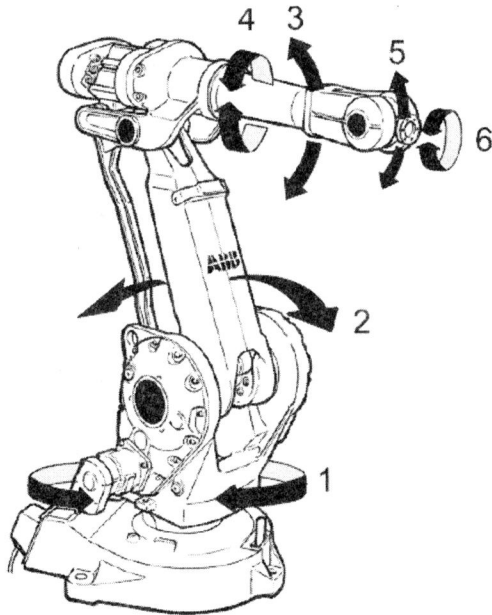

图 1-2-1-3　机器人各轴的运动方向

二、默认设置

线性和重新定位动作模式均有坐标系默认设置（如图 1-2-1-4 所示），且在每个机械单元中都有效。这些默认设置通常在重新启动后就已设定。如果改变了其中一个动作模式的坐标系，此改变将被系统记忆，直至下一次重新启动（热启动）。

图 1-2-1-4　默认设置

模式与默认坐标系如下表。

动作模式	默认坐标系
线性	基坐标系
重定位	工具坐标系

任务准备

实施本次任务所使用的实训设备及工具材料可参考下表。

序号	分类	名称	型号规格	数量	单位	备注
1	设备	焊接机器人工作站	IRB1410	1	套	
2	设备	焊接机器人工作站	IRB1600	1	套	带水冷系统

任务实施

操纵任务	移动机器人 6 个轴至指定位置	姓名	
学号		组别	

在主菜单界面中选择"手动操纵"

续表

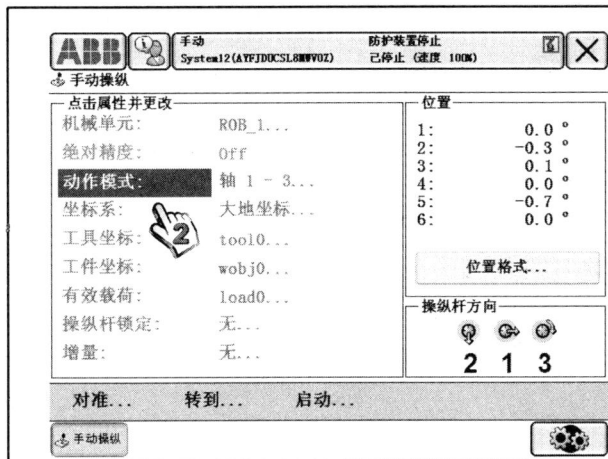

ABB 手动 防护装置停止 System12(AYFJDUCSL8MWVOZ) 已停止(速度 100%) ✕ 手动操纵 点击属性并更改 机械单元: ROB_1... 绝对精度: Off 动作模式: 轴 1 - 3... 坐标系: 大地坐标... 工具坐标: tool0... 工件坐标: wobj0... 有效载荷: load0... 操纵杆锁定: 无... 增量: 无... 位置 1: 0.0° 2: -0.3° 3: 0.1° 4: 0.0° 5: -0.7° 6: 0.0° 位置格式... 操纵杆方向 2 1 3 对准... 转到... 启动... 手动操纵	2 选择"动作模式"
ABB 手动 防护装置停止 System12(AYFJDUCSL8MWVOZ) 已停止(速度 100%) ✕ 手动操纵 - 动作模式 当前选择: 轴 1 - 3 选择动作模式. 轴 1 - 3 轴 4 -6 线性 重定位 确定 取消 手动操纵	3 需要进行 1-3 轴运动则选择 "轴 1-3",4-6 轴运动则选择"轴 4-6" ℹ️ 由于摇杆属于三方向操作, 所以让机器人的 6 个轴单独运动时 只能切换操作模式 4 选择"确定"退出
ABB 手动 电机上电 System12(AYFJDUCSL8MWVOZ) 正在运行(速度 100%) ✕ 手动操纵 点击属性并更改 机械单元: ROB_1... 绝对精度: Off 动作模式: 轴 1 - 3... 坐标系: 大地坐标... 工具坐标: tool0... 工件坐标: wobj0... 有效载荷: load0... 操纵杆锁定: 无... 增量: 无... 位置 1: 0.0° 2: 0.0° 3: 0.0° 4: 0.0° 5: 0.0° 6: 0.0° 位置格式... 操纵杆方向 2 1 3 对准... 转到... 启动... T_ROB1: MainModu 手动操纵 程序数据	5 在单轴操作模式的状态下, "位置"界面会显示当前 6 个轴的 位置(度数) 6 黄色箭头表示操纵杆方向机 器人轴往正方向运动,反向则为 负方向

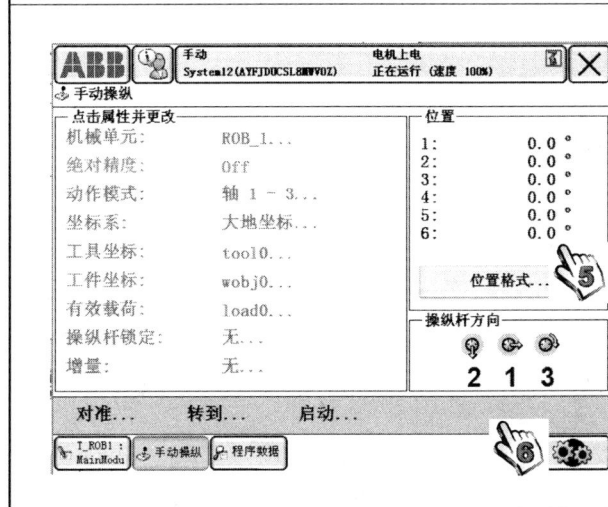

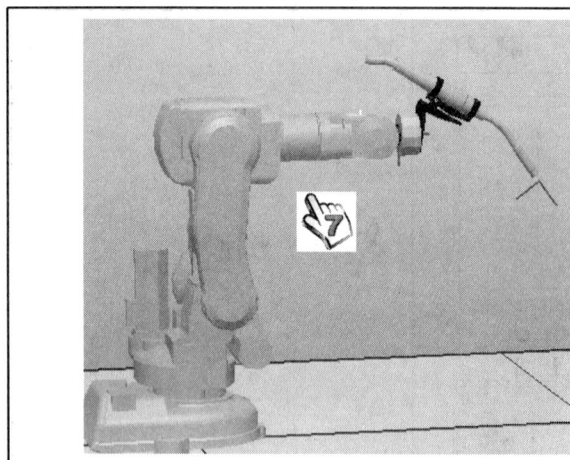

7 按下"使能器",操纵摇杆将机器人的 6 个轴移动到规定度数位置

8 "位置"界面显示当前位置度数

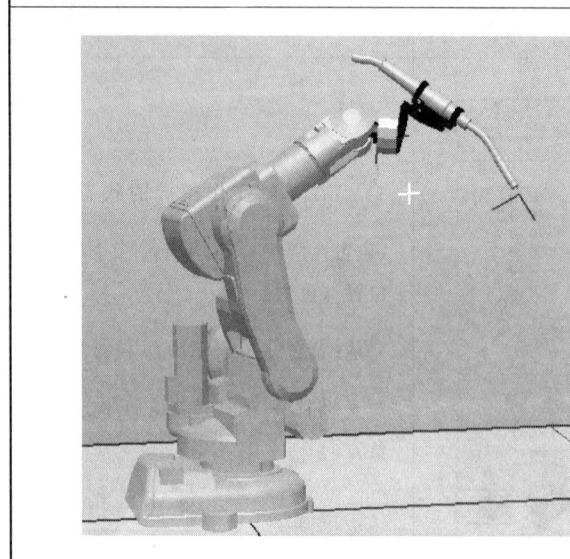

续表

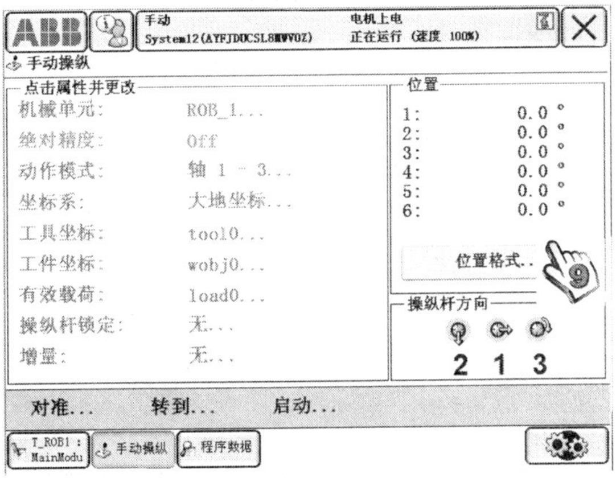

⑨再将机器人6个轴移动到"原点"位置，完成操作练习

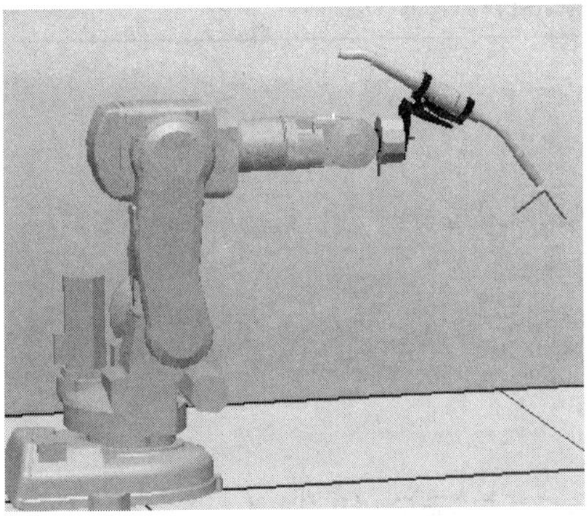

检查评议

姓名		学号		分值	自评	互评	师评
序号	考核项目	评分标准		分值	自评	互评	师评
1	学习态度	是否守纪（不迟到、不早退、不高声说话、不串岗）		5			
		在任务实施过程中表现出积极性、主动性和发挥作用		5			
2	学习方法	是否运用各种资料提取信息进行学习，获得新知识		2			
		在任务实施过程中，是否发现问题、分析问题和解决问题		3			
		是否认真分析任务		3			
		是否认真将资料完整归档		2			

续表

序号	考核项目	评分标准	分值	自评	互评	师评
3	任务完成情况	能否正确使用使能器和摇杆控制机器人运动	20			
		能否掌握本体6个轴旋转的方向	20			
		能否在规定时间内完成操作任务	30			
4	职业素养	团队关系融洽，共同制订计划完成任务	2			
		发现问题协商解决，认真对待他人意见	2			
		主动沟通，语言表达流利	2			
		具备安全防护与环保意识	2			
		做好6S（整理、整顿、清洁、清扫、素养、安全）	2			

【想一想 练一练】

1. 在什么情况下才能采用逐轴控制机器人运动？
2. 机器人的动作模式有几种？各有什么特点？
3. 摇杆是否可以在不切换动作模式下控制6个轴运动？为什么？
4. 摇杆控制方向与机器人本体运动方向有何关系？

任务2　精确定点运动机器人

学习目标

知识目标：

1. 熟练使用机器人的三种运动方式。
2. 了解工具坐标系与基坐标系的使用。

能力目标：

1. 能够灵活运用坐标系变换焊枪姿势。
2. 能够使用增量模式控制机器人运动。
3. 学会使用快捷界面与快速切换按钮。

任务描述

某企业有一批转岗的新员工需要学习焊接机器人的操作技术，在上岗前需要经过岗前培训，现针对本企业使用的 ABB 公司生产的焊接机器人（IRB1410）进行培训，当操作人员在编辑完程序之后必须对程序中的相关的目标点进行位置和姿态的确定，这时操作人员要学习焊接机器人的手动控制机器人之精确定点运动机器人等内容。现需要企业培训师对新员工进行培训。

任务分析

机器人在控制过程中，操作人员可以通过示教器摇杆来控制机器人各个轴的动作，也可以通过运行已有程序实现机器人自动运动。机器人自动运行的程序一般是通过手动操纵机器人来建立和修改的，所以手动移动机器人是操纵机器人的基础，也是一项非常重要的操作环节。

相关理论

一、手动（微动）控制

微动控制就是使用示教器控制杆手动定位或移动机器人或外轴。只有在手动模式下可以进行微动控制。无论示教器上显示什么视图都可以进行微动控制，但在程序执行过程中无法进行微动控制。

要手动移动机器人，首先要选定动作模式和坐标系来确定机器人移动的方式。在线性动作模式下，工具中心点沿空间内的直线移动，即"从 A 点到 B 点移动"方式。工具中心点按选定的坐标系轴的方向移动。在逐轴模式下，一次只能移动一根机器人轴。因此，很难预测工具中心点将如何移动。工具中心点如图 1-2-2-1 所示。

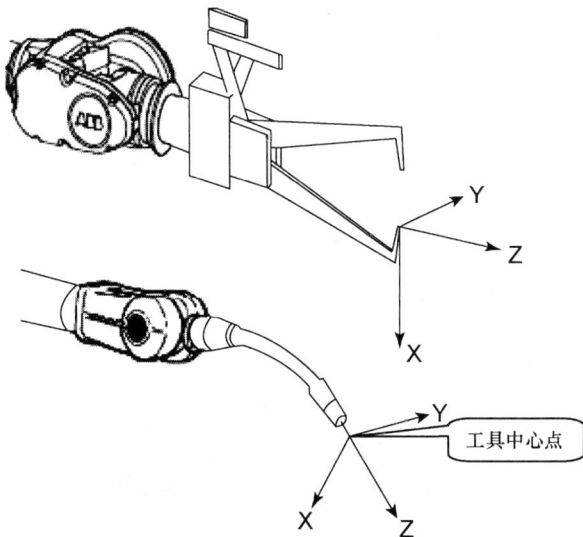

图 1-2-2-1　工具中心点

对于添加了附加轴的机器人（如图 1-2-2-2 所示）只能进行逐轴微动控制。附加轴可设计为进行某种线性动作或旋转（角）动作的轴。线性动作用于传送带，旋转动作用于各种工件操纵器。附加轴不受选定的坐标系影响。

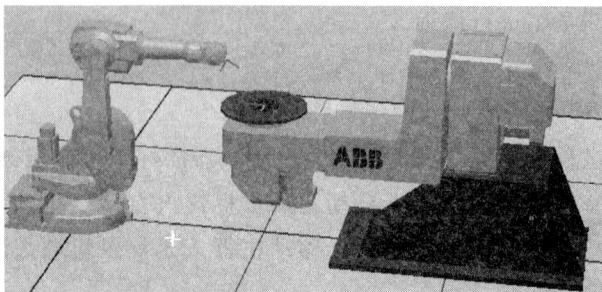

图 1-2-2-2　旋转变位机

1. 坐标系简介

如果工具坐标系的其中一个坐标与钻孔平行，则能轻而易举地使用机械爪将销子定位于钻孔内（如图 1-2-2-3 所示）。在基坐标系中执行同样的任务时，可能需要同时在 X、Y 和 Z 坐标进行微动控制，从而增加了精确控制的难度（如图 1-2-2-4 所示）。

图 1-2-2-3　工具坐标系

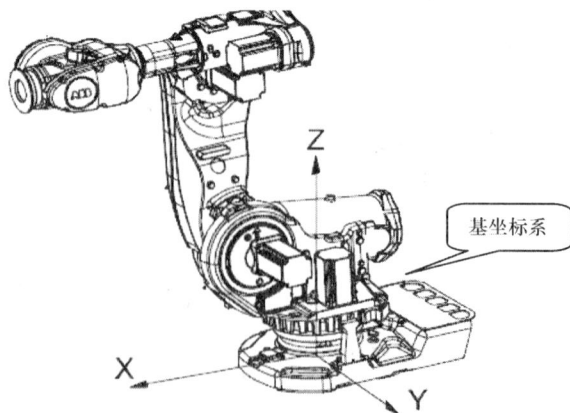

图 1-2-2-4　基坐标系

2. 坐标系选择

选择合适的坐标系会使微动控制容易一些，但对于选择哪一种坐标系并没有简单或唯一的答案。与其他坐标系相比较，采用某个坐标系也许能以较少的控制杆动作将工具中心点移至目标位置。了解各种条件，例如空间限制、障碍物或工件及工具的物理尺寸等也有助于用户作出正确的判断。

二、增量模式

在精确定点时，如果操作员对控制操纵杆还不是很熟练，则需要在原有的动作模式的情况下添加"增量模式"。采用增量移动对机器人进行微幅调整，可非常精确地进行定位操作。控制杆偏转一次，机器人就移动一步（增量）。如果控制杆偏转持续一秒钟或数秒钟，机器人就会持续移动（速率为每秒 10 步）。

默认模式不是增量移动，此时当控制杆偏转时，机器人将会持续移动。按切换增量按钮以切换增量大小，在没有增量和以前选择的增量大小之间切换。

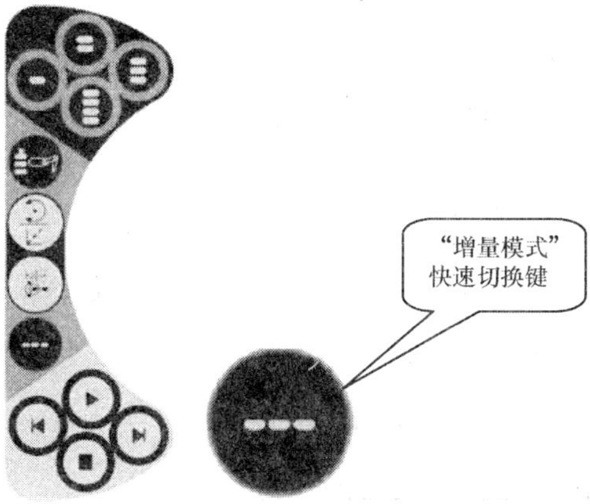

图 1-2-1-5　增量模式

增量移动幅度如下表（在小、中、大之间选择，用户也可以定义自己的增量运动幅度）。

增量	距离（步）	角度（步）
小	0.05mm	0.005°
中	1mm	0.02°
大	5mm	0.2°
用户模块	自定义	自定义

任务准备

实施本次任务所使用的实训设备及工具材料可参考下表。

序号	分类	名称	型号规格	数量	单位	备注
1	设备	焊接机器人一套	IRB1410	1	套	
2	设备	焊接机器人一套	IRB1600	1	套	带水冷系统

任务实施

操纵任务	精确定点运动		姓名	
学号			组别	

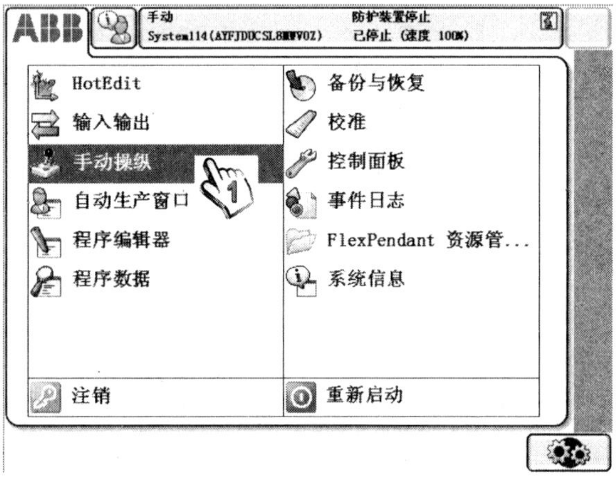

	1 选择"手动操纵"
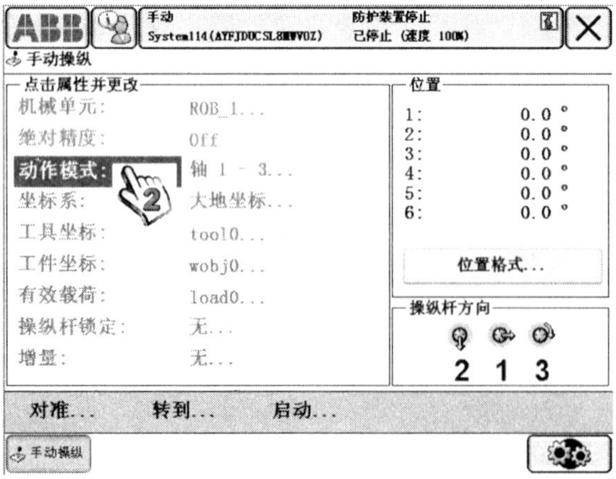	2 在操纵界面中选择"动作模式"

续表

ABB 手动 防护装置停止 System114(AYFJDUCSL8NNVOZ) 已停止（速度 100%） 手动操纵 - 动作模式 当前选择: 重定位 选择动作模式。 轴 1 - 3　轴 4 - 6　线性　重定位 确定　取消 手动操纵	3 在"动作模式"界面中选择"重定位"，单击"确定"退出
ABB 手动 防护装置停止 System114(AYFJDUCSL8NNVOZ) 已停止（速度 100%） 手动操纵 点击属性并更改 机械单元: ROB_1... 绝对精度: Off 动作模式: 重定位... 坐标系: 大地坐标... 工具坐标: tool0... 工件坐标: wobj0... 有效载荷: load0... 操纵杆锁定: 无... 增量: 无... 位置 坐标中的位置: WorkObject X: 955.0 mm Y: 0.0 mm Z: 1195.0 mm q1: 0.70711 q2: 0.0 q3: 0.70711 q4: 0.0 位置格式... 操纵杆方向 X Y Z 对准...　转到...　启动... 手动操纵	4 动作模式选定后必须选择与其相对应的坐标系，单击"坐标系"进行选择
ABB 手动 防护装置停止 System114(AYFJDUCSL8NNVOZ) 已停止（速度 100%） 手动操纵 - 坐标系 当前选择: 工具 选择坐标系。 大地坐标　基坐标　工具　工件坐标 确定　取消 手动操纵	5 选择"工具"确定选用工具坐标系配合重定位模式进行工具姿势变化的操作 i 选择"动作模式"与"坐标系"类型并不是固定的，而是可以灵活变化，这需要操作者在使用过程中进行总结

⑥ 使用"使能器"与"摇杆"将机器人6轴法兰盘上的焊枪旋转到与目标点位置姿势相近的姿态

ℹ 初学者进行精确定点练习时最后使用塑料薄膜与一段焊丝进行操作练习，操作熟练后再上真实的焊接工件

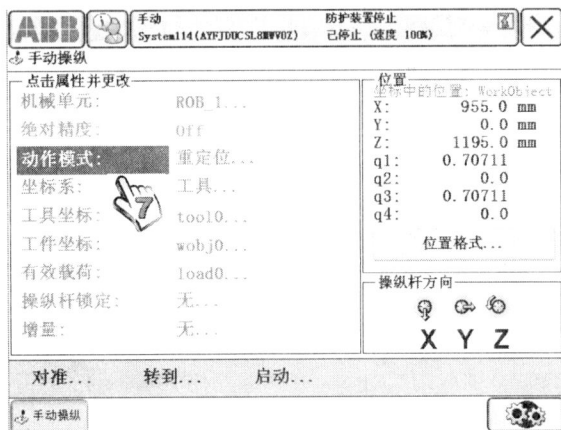

⑦ 焊枪姿态确定好后在"手动操纵"界面中选择"动作模式"进行更换动作模式操作

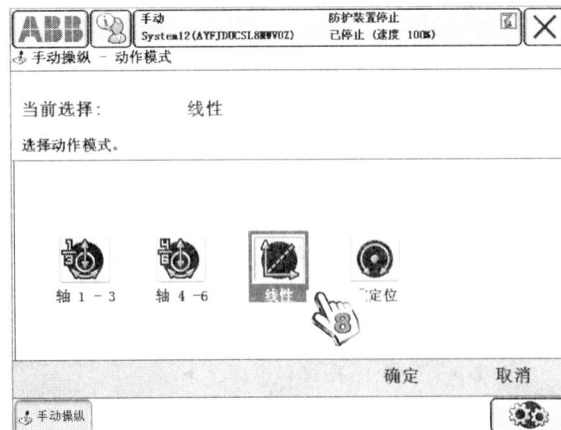

⑧ 选择"线性"，单击"确定"退出

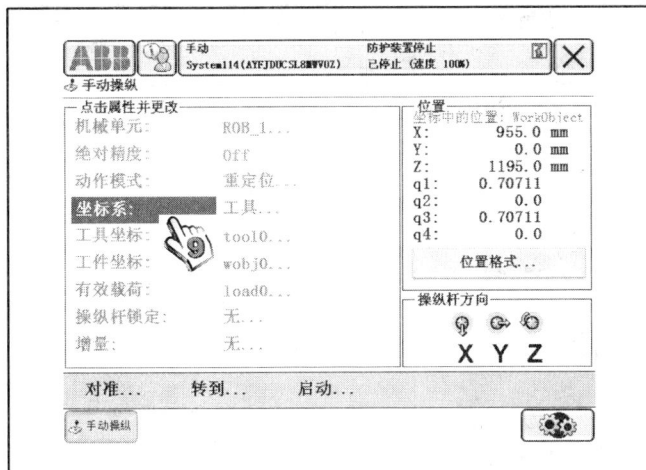

⑨ 线性模式运动必须选用基坐标系才能更好更快地操作,选择"坐标系"

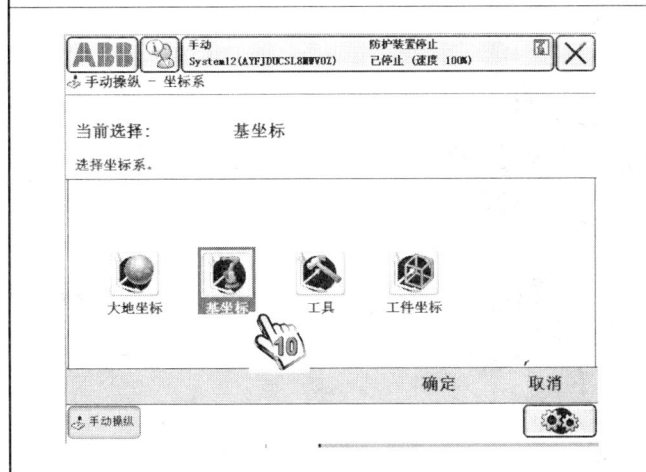

⑩ 选择"基坐标",单击"确定"退出

ℹ 由于线性模式需要保持焊枪姿势不变,将工具中心点移动到指定位置,只有沿着 XY 轴(水平面)与 Z 轴(垂直与水平面)这三个轴移动,才能最快最方便地移动焊枪

⑪ 将焊枪的工具中心点以合适的姿势移动到指定点

续表

<table>
<tr><td>操纵任务</td><td>快捷界面与快速切换按钮的使用</td><td>姓名</td><td></td></tr>
<tr><td>学号</td><td></td><td>组别</td><td></td></tr>
<tr><td colspan="2">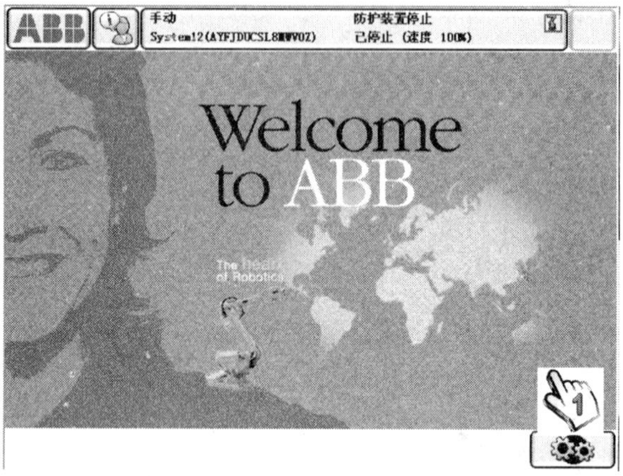</td><td colspan="2">1 在示教器右下方单击快捷界面的入口图标</td></tr>
<tr><td colspan="2">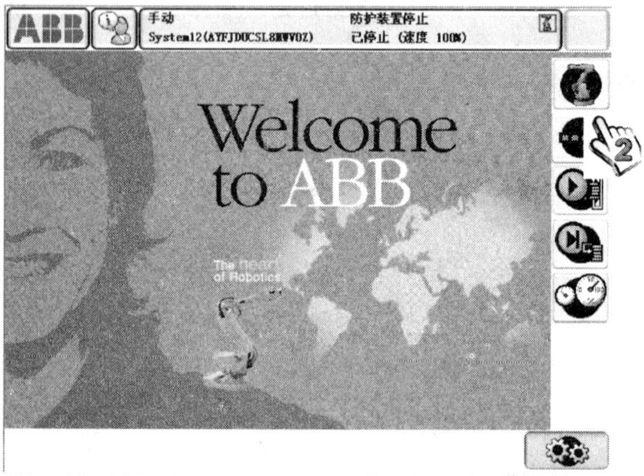</td><td colspan="2">2 选择机器人本体样式的图标</td></tr>
<tr><td colspan="2">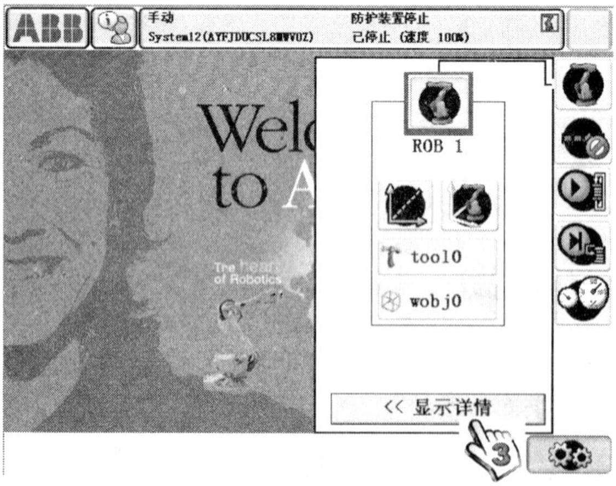</td><td colspan="2">3 选择“显示详情”</td></tr>
</table>

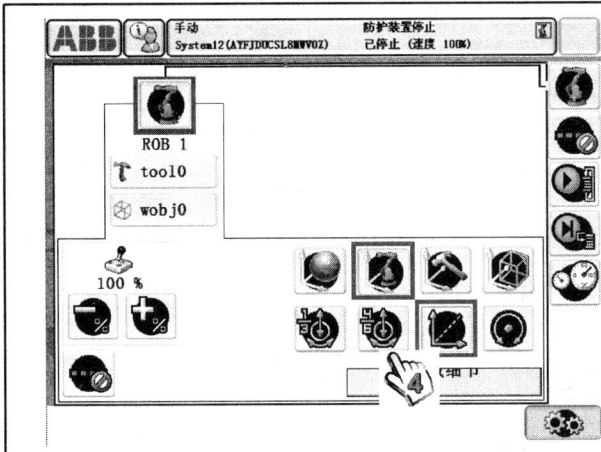

4 在快捷界面中可以轻松快速地选择与切换不同的动作模式与坐标系，还可以选择具体的工具和工件类型

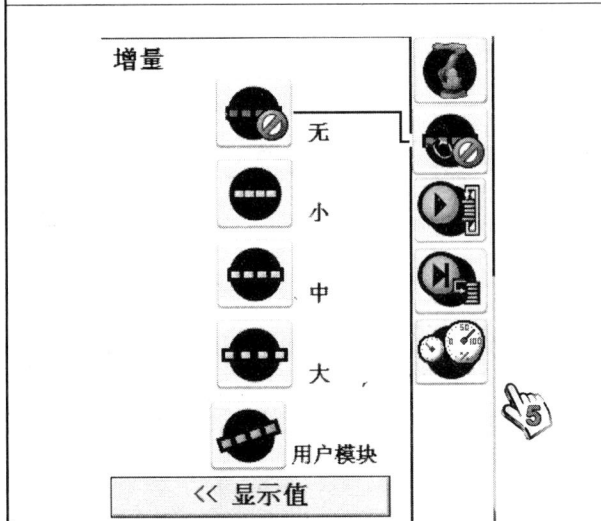

5 当精确定点需要定位比较精确而且容易发生碰撞的场合时，可以在快捷界面中选择"增量"

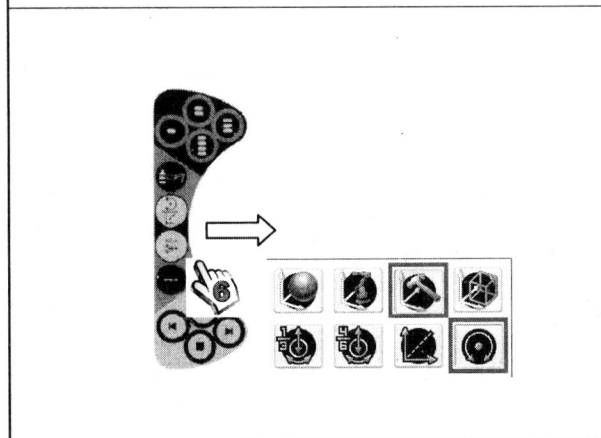

6 当操作者需要更快速地切换动作模式时，可以在示教器屏幕右方按下相应的模式按钮进行模式切换

续表

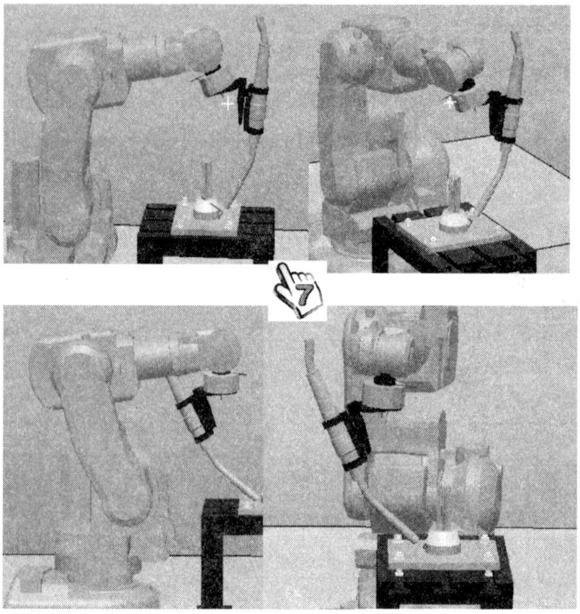

7 配合使用快捷界面与快速切换按钮，将焊枪以合适的姿势移动到不同的点

检查评议

姓名		学号		分值	自评	互评	师评
序号	考核项目		评分标准				
1	学习态度	是否守纪（不迟到、不早退、不高声说话、不串岗）		5			
		在任务实施过程中表现出积极性、主动性和发挥作用		5			
2	学习方法	是否运用各种资料提取信息进行学习，获得新知识		2			
		在任务实施过程中，是否发现问题、分析问题和解决问题		3			
		是否认真分析任务		3			
		是否认真将资料完整归档		2			
3	任务完成情况	能否使用不同坐标系进行线性与重定位运动		20			
		能否掌握增量的使用场合		20			
		能否将机器人工具中心点移动至指定位置		30			

姓名			学号		分值	自评	互评	师评
序号	考核项目		评分标准					
4	职业素养		团队关系融洽，共同制订计划完成任务		2			
			发现问题协商解决，认真对待他人意见		2			
			主动沟通，语言表达流利		2			
			具备安全防护与环保意识		2			
			做好 6S（整理、整顿、清洁、清扫、素养、安全）		2			

【想一想　练一练】

1. 何为手动（微动）控制？在什么情况下不能进行微动控制？

2. 增量控制模式有何特点？在什么场合下使用？

单元2 焊接机器人操作技能训练

项目一　焊接机器人程序数据

任务1　工具数据的设定

学习目标

知识目标：

1. 了解焊接机器人工具的含义。

2. 理解工具数据设定的原理。

能力目标：

1. 能设定焊接机器人工具数据。

2. 能用"四点法"设定工具中心点位置。

任务描述

某企业有一批焊接件需要采用 ABB 机器人进行焊接，焊接前首先对焊接机器人工具数据进行设定。因此，企业从业人员必须学会焊接机器人工具数据设定。

任务分析

我们使用某样工具执行工作之前，必须先知道这个工具的名称是什么，还有重量、形状等外部信息。机器人使用工具也是一样，必须事先知道该工具相应的参数，只有这样才能使机器人正常准确地使用该工具。

相关理论

一、机器人的工具

工具是能够直接或间接安装在机器人转动盘上，或能够装配在机器人工作范围内固定位置上的物件，如图 2-1-1-1 所示。

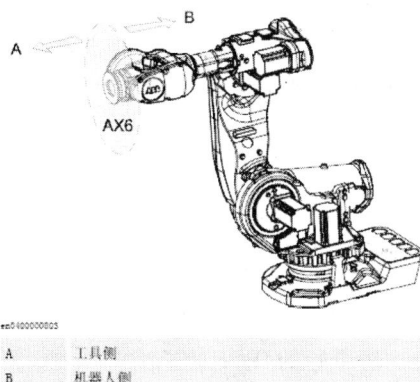

A	工具侧
B	机器人侧

图 2-1-1-1　工具的安放位置

固定装置（夹具）不是工具。所有工具必须用 TCP（工具中心点）定义，如图 2-1-1-2所示。

工具数具（tooldata）用于描述安装在机器人第 6 轴上的工具（焊枪、吸盘夹具等）的 TCP、质量、重心等参数数据。

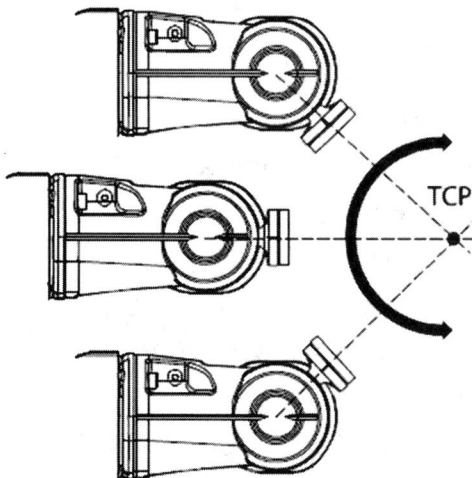

图 2-1-1-2　工具中心点

二、工具中心点（TCP）

工具中心点（TCP）是定义所有机器人定位的参照点。通常 TCP 定义为与操纵器转动盘上的位置相对。

TCP 可以微调或移动到预设目标位置。工具中心点也是工具坐标系的原点。机器人系统可处理若干 TCP 定义，但每次只能存在一个有效 TCP。TCP 有两种基本类型：移动或静止。多数应用中 TCP 都是移动的，即 TCP 会随操纵器在空间移动。典型的移动 TCP 可参照弧焊枪的顶端、点焊的中心或是手锥的末端等位置定义。某些应用程序中使用固定 TCP，例如使用固定的点焊枪时。此时，TCP 要参照静止设备而不是移动的操纵器来定义。

1. 定义 TCP 的作用

机器人执行程序时，TCP 将移至编程位置，定义 TCP 将有利于编程时能更精确地定位，达到目标点。

默认工具（tool0）的工具中心点（Tool Center Point）位于机器人安装法兰的中心，如图 2-1-1-3 所示，A 点就是原始的 TCP 点。

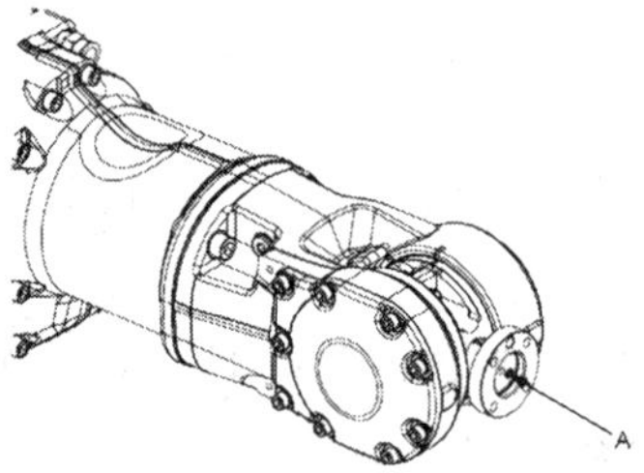

图 2-1-1-3　默认工具中心点位置

2. TCP 的设定原理

（1）首先在机器人工作范围内找一个非常精确的固定点作为参考点。

（2）然后在工具上确定一个参考点（最好是工具的中心点）。

（3）用之前介绍的手动操纵机器人的方法，移动工具上的参考点，以 4 种以上不同的机器人姿态尽可能与固定点刚好碰上。为了获得更准确的 TCP，在以下的例子中使用六点法进行操作，第四点是用工具的参考点垂直于固定点，第五点是工具参考点从固定点向将要设定为 TCP 的 X 轴方向移动，第六点是工具参考点从固定点向将要设定为 TCP 的 Z 轴方向移动。

（4）机器人通过这 4 个位置数据计算求得 TCP 的数据，然后 TCP 的数据就保存在 tooldata 这个程序数据中被程序进行调用。

3. TCP 取点数量介绍

（1）四点法，不改变 tool0 的坐标方向，如图 2-1-1-4 所示。

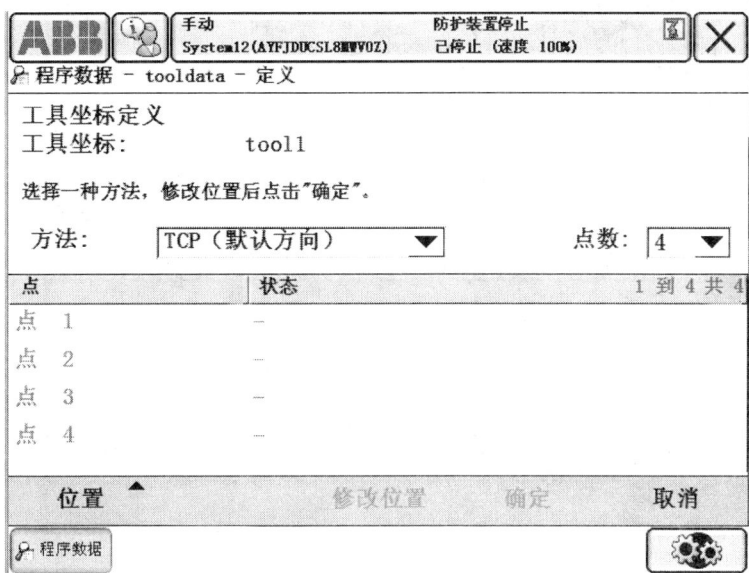

图 2-1-1-4　四点法

（2）五点法，改变 tool0 的 Z 方向，如图 2-1-1-5 所示。

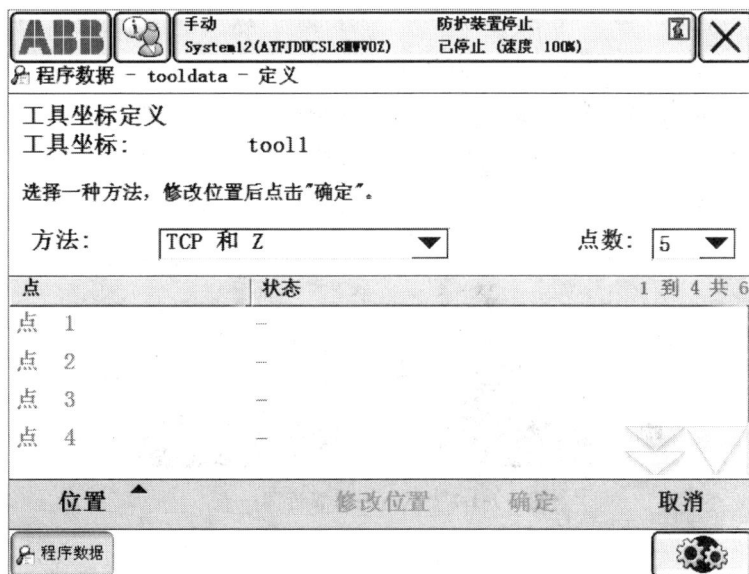

图 2-1-1-5　五点法

（3）六点法，改变 tool0 的 X 和 Z 方向（在焊接应用中最为常用），如图 2-1-1-6 所示。

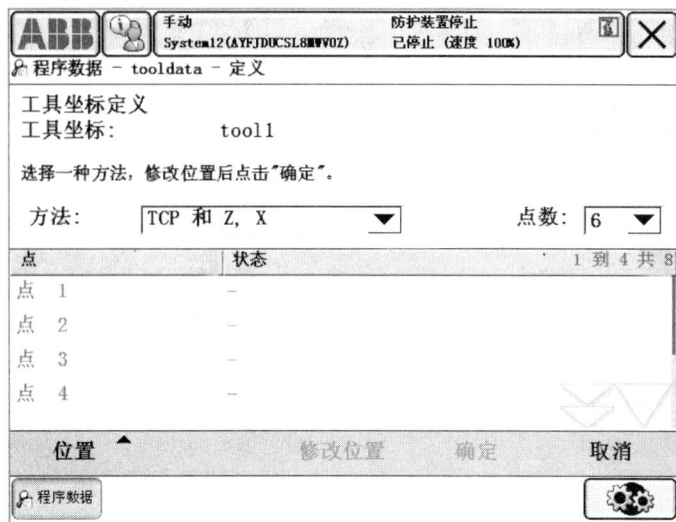

图 2-1-1-6　六点法

注：前三个点的姿态相差尽量大些，这样有利于 TCP 精度的提高。

三、工具数据设定的步骤

1. 单击"ABB"→"手动操纵"→"工具坐标"→"新建"→"确定"→"tool1"→"编辑"→"定义"→在方法中选"TCP 和 Z"，点数选"5"→选择不同的姿势（姿势变化应尽量大些）接近同一点并确定各点位置，如图 2-1-1-7 和图 2-1-1-8 所示，各点修改完后单击"确定"，经过控制器计算后查看平均误差，一般焊接的平均误差在 0.4mm 以下。

图 2-1-1-7　不同姿势靠近同一点

图 2-1-1-8　确定每点的位置

2. 选中工具后，单击"编辑"→"更改值"→修改质量 mass：2kg；重心位置 X＝50mm、Y＝0、Z＝－150mm→"确定"完成设置。

3. 选择"重定位"和坐标系"工具 tool1"，摆动操纵杆，查看 TCP 设定精确度。

任务准备

实施本次任务所使用的实训设备及工具材料可参考下表。

序号	分类	名称	型号规格	数量	单位	备注
1	设备	焊接机器人一套	IRB1410	1	套	
2	设备	焊接机器人一套	IRB1600	1	套	带水冷系统

任务实施

操纵任务	设定工具数据	姓名	
学号		组别	

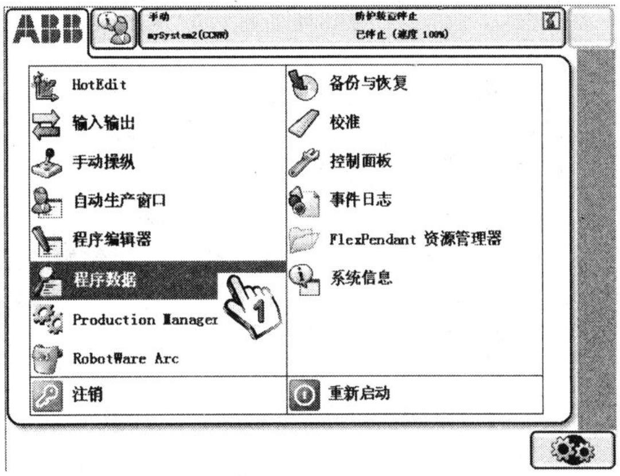

在主菜单界面中选择"程序数据"

单击"tooldata"查看工具数据

机器人系统在没有新建任何工具数据的情况下会有一个默认的工具数据（tool0），该工具数据的原点位置位于 6 轴法兰盘的中点

	③ 单击"新建"
	④ 在"名称"项目中输入新建的工具名称，默认的工具名称为"tool1" ℹ️ 工具名称只能是英文加数字的组合 ⑤ 选择"确定"新建好一个工具名称
	⑥ 选中刚才新建好的工具"tool1"，单击"编辑"选择"更改值"

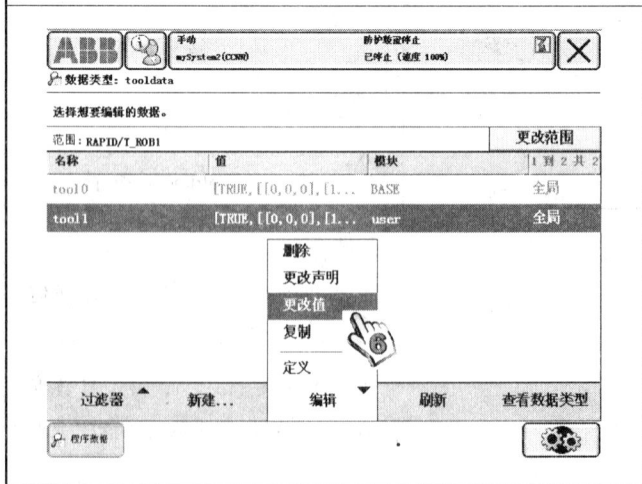

续表

tool1:　　　　　　　[TRUE,[[0,0,0],[1,0,0... tooldata robhold :=　　　　　TRUE　　　　　bool tframe:　　　　　　[[0,0,0],[1,0,0,0]] pose 　trans:　　　　　　[0,0,0]　　　　　pos 　　x :=　　　　　　0　　　　　　　num 　　y :=　　　　　　0　　　　　　　num 　　　　　刷新　　　　确定　　　取消	⑦单击整面移动或逐行移动图标向下查看数据
【ABB】 手动 防护装置停止 mySystem2(CCNU) 已停止（速度100%）　✕ 编辑 名称:　　　　　　tool1 点击一个字段以编辑值。 名称　　　　　　值　　　　　数据类型 14 到 19 共 26 MASS :=　　　　2　　　　　　num cog:　　　　　　[50,0,150]　　pos 　x :=　　　　　50　　　　　　num 　y :=　　　　　0　　　　　　num 　z :=　　　　　150　　　　　num 　aom:　　　　　[1,0,0,0]　　orient 　　　　　刷新　　　　确定　　　取消 程序数据	⑧ 将工具的重量设为2，工具的重心位置设为（x，y，z）=（50，0，150） ⓘ 新建的工具必须让机器人系统掌握其重量和相对于默认工具（tool0）原点的重心位置，这样才能使机器人本体更准确地将工具移动到指定位置

操纵任务	"四点法"定义工具中心点位置	姓名	
学号		组别	

【ABB】 手动 防护装置停止 mySystem2(CCNU) 已停止（速度100%）　✕ 数据类型: tooldata 选择想要编辑的数据。 范围: RAPID/T_ROB1　　　　　　　更改范围 名称　　　　　值　　　　　模块　　　1 到 2 共 2 tool0　　　　[TRUE,[[0,0,0],[1... BASE　全局 tool1　　　　[TRUE,[[0,0,0],[1... user　全局 　　　　　　　删除 　　　　　　　更改声明 　　　　　　　更改值 　　　　　　　复制 　　　　　　　定义 　过滤器　　新建...　　　　　　刷新　　查看数据类型 程序数据	① 选中刚新建好的工具（tool1），单击"编辑"选中"定义"

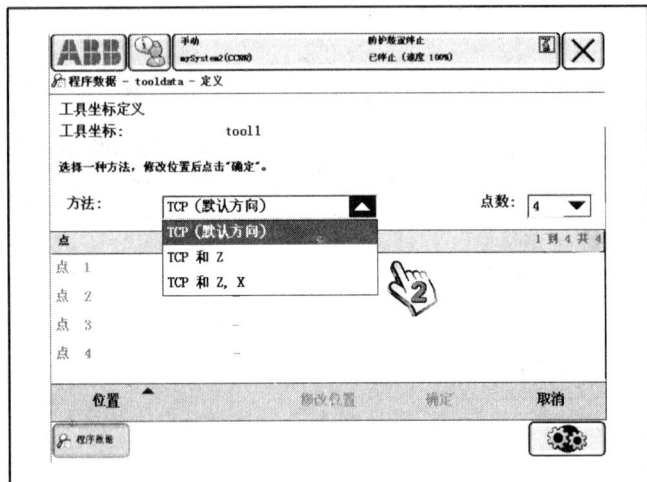

在"方法"框中选择"TCP（默认方向）"，点数选择"4"

点数越多点的精确度越高，但同时花的时间就越久。TCP的默认方向为默认工具（tool0）的方向，需要规定Z或X轴方向时选择相应的选项

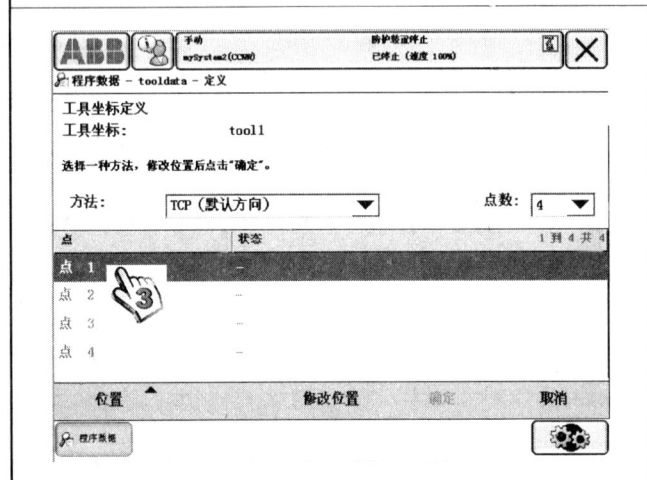

单击"点1"选中该点，用手动操作将需要定位工具中心点的焊丝末点移动到工作台上固定的点，然后选择"修改位置"

④ 用手动操纵将焊丝末点移开，变换焊枪姿势（尽量变化大些），再移动到工作台上的固定点，修改第二点的位置

ℹ️ 焊枪姿势应尽量变化大一些，以保证足够的定位精度。如果定义点过程中工作台上的固定点不小心被移动了位置，就必须从第一点重新定位

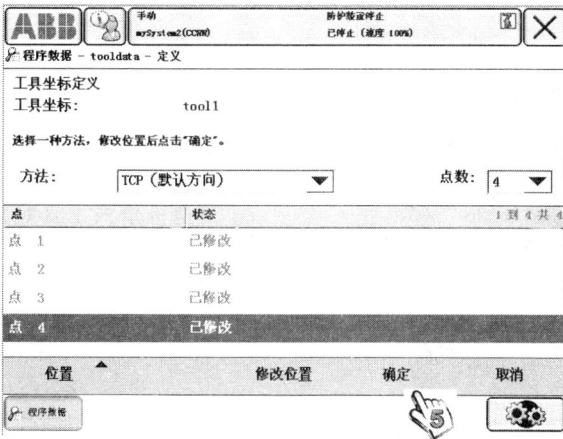

⑤ 用相同的方法将4点的位置定义完成后，下方的"确定"会从灰色变成黑色，单击"确定"系统进入计算工具中心点位置误差过程

⑥ 系统将TCP点的位置误差显示在屏幕上，焊接编程要求TCP点的平均误差小于0.05为合适，超过则需要重新定义

续表

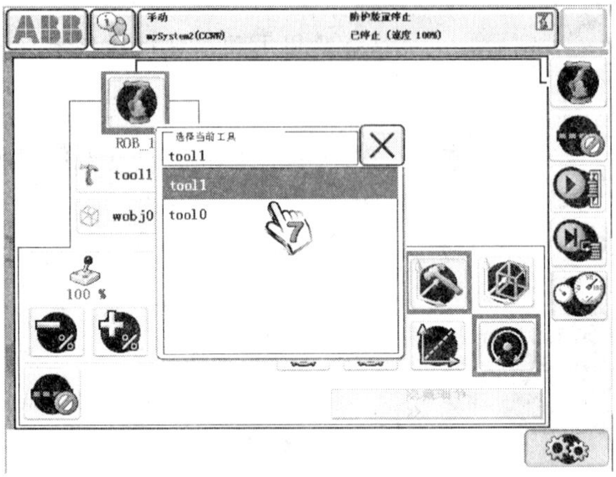

7 定义好的新工具将在快捷界面中显示出来，选择该工具并选择工具坐标系与重定位运动模式，旋转焊枪，观察刚定义好的工具中心点有无明显的移动

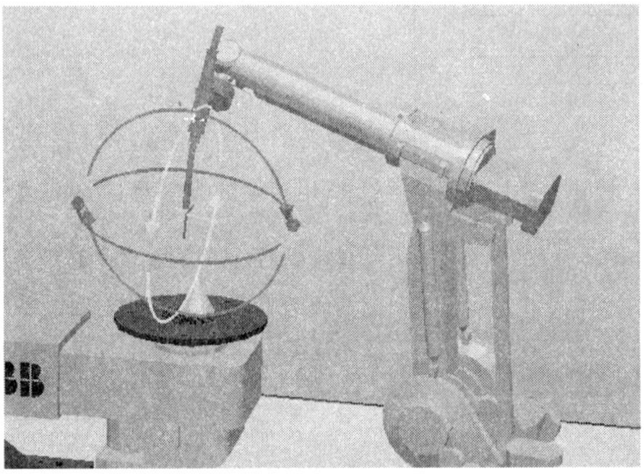

i 工具中心点定义时的平均误差越小，重定位运动该工具时该点在空间上基本保持静止状态

检查评议

姓名			学号		分值	自评	互评	师评
序号	考核项目		评分标准					
1	学习态度		是否守纪（不迟到、不早退、不高声说话、不串岗）		5			
			在任务实施过程中表现出积极性、主动性和发挥作用		5			
2	学习方法		是否运用各种资料提取信息进行学习，获得新知识		2			
			在任务实施过程中，是否发现问题、分析问题和解决问题		3			
			是否认真分析任务		3			
			是否认真将资料完整归档		2			

续表

姓名		学号		分值	自评	互评	师评
序号	考核项目		评分标准				
3	任务完成情况	能否掌握工具数据的设定方法		20			
		能否掌握四点法定义工具中心点位置		20			
		能否将工具中心点位置的平均误差定义在规定范围内		30			
4	职业素养	团队关系融洽,共同制订计划完成任务		2			
		发现问题协商解决,认真对待他人意见		2			
		主动沟通,语言表达流利		2			
		具备安全防护与环保意识		2			
		做好6S(整理、整顿、清洁、清扫、素养、安全)		2			

【想一想 练一练】

1. 何为机器人的工具?请列举出几个可以作为机器人工具的装置。
2. 工具中心点(TCP)的设定原理是什么?
3. 定义工具中心点(TCP)有什么作用?

任务2 工件数据的设定

学习目标

知识目标:

1. 了解焊接机器人几种坐标系。
2. 了解工件坐标系的优点。
3. 掌握焊接机器人工件坐标的设定方法。

能力目标:

能对焊接机器人的工件坐标进行设定。

任务描述

某企业有一批焊接件需要采用ABB机器人进行焊接,由于产品焊接需要,在焊接前要对工件坐标进行重新设定。因此,企业从业人员必须学会焊接机器人的工件坐标设定。

任务分析

机器人在焊接工件时，焊接工装会将工件固定在工作台的一个位置上面再进行焊接作业。有时候需要对焊接工件进行重新定位，要是重新定位时工件的焊接路径的各点位置也要重新定位的话会给调试编程人员很大的工作量。这种时候就可以通过将整个焊接路径整体地移动定位就可以达到减少工作量的目的。这种焊接路径整体移动的方法只能通过定义工件坐标来实现。

本次任务重点在于对焊接机器人示教器的正确使用，其中对操纵杆与使能器的操作尤为重要。为此，在了解示教器各个按钮按键的功能后，需要对其进行亲自操作使用；掌握操作方法和注意事项对后续编辑程序和手动控制机器人有非常重要的指导意义。

相关理论

一、焊接机器人的坐标系

坐标系从一个称为原点的固定点通过轴定义平面或空间。机器人目标和位置通过沿坐标系轴的测量来定位。

机器人使用若干坐标系，每一坐标系都适用于特定类型的微动控制或编程。

（1）基坐标系位于机器人基座。它是最便于机器人从一个位置移动到另一个位置的坐标系。

（2）工件坐标系与工件相关，通常是最适于对机器人进行编程的坐标系。

（3）工具坐标系定义机器人到达预设目标时所使用工具的位置。

（4）大地坐标系可定义机器人单元，所有其他的坐标系均与大地坐标系直接或间接相关。它适用于微动控制、一般移动以及处理具有若干机器人或外轴移动机器人的工作站和工作单元。

（5）用户坐标系在表示持有其他坐标系的设备（如工件）时非常有用。

二、焊接机器人工作站中的工件（如图2-1-2-1所示）

工件是拥有特定附加属性的坐标系。它主要用于简化编程（因置换特定任务和工件进程等而需要编辑程序时）。工件坐标系必须定义于两个框架：用户框架（与大地基座相关）和工件框架（与用户框架相关）。创建工件可用于简化对工件表面的微动控制。可以创建若干不同的工件，这样用户就必须选择一个用于微动控制的工件。使用夹具时，有效载荷是一个重要因素。为了尽可能精确地定位和操纵工件，必须考虑工件重量。

三、工件坐标系

工件坐标系对应工件，它定义工件相对于大地坐标系（或其他坐标系）的位置，

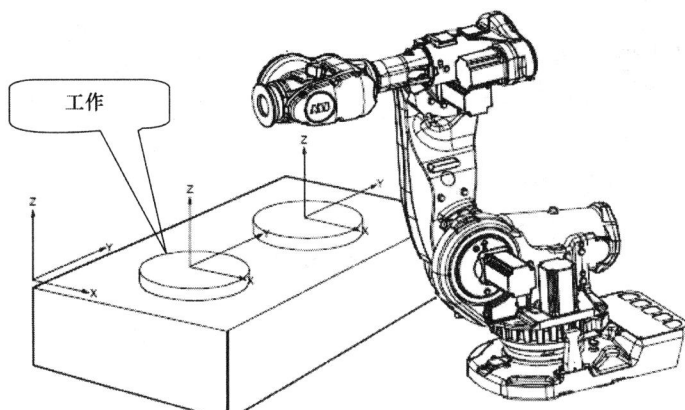

图 2-1-2-1　机器人工作站中的工件

如图 2-1-2-2 所示。工件坐标系必须定义于两个框架：用户框架（与大地基座相关）和工件框架（与用户框架相关）。机器人可以拥有若干工件坐标系，或者表示不同工件，或者表示同一工件在不同位置的若干副本。

对机器人进行编程就是在工件坐标系中创建目标和路径。这带来很多优点：

（1）重新定位工作站中的工件时，只需更改工件坐标系的位置，所有路径将即刻随之更新。

（2）允许操作以外轴或传送导轨移动的工件，因为整个工件可连同其路径一起移动。

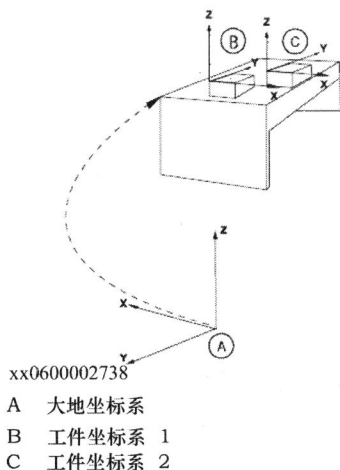

xx0600002738

A　大地坐标系
B　工件坐标系 1
C　工件坐标系 2

图 2-1-2-2　大地坐标与工件坐标的关系

四、工件坐标系的设定

在对象的平面上，只需要定义三个点，就可以建立一个工件坐标（如图 2-1-2-3 所示）。

（1）X1 点确定工件坐标的原点；

（2）X2 确定工件坐标 X 正方向；

（3）Y1 确定工件坐标 Y 正方向。

工件坐标符合右手法则（如图 2-1-2-4 所示）。

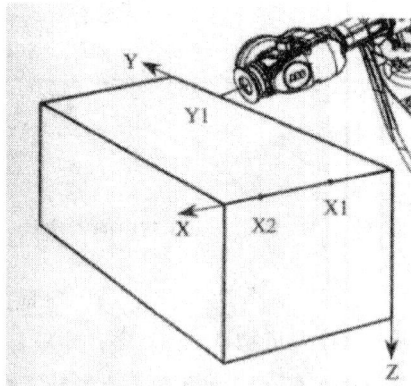

图 2-1-2-3　工件坐标系

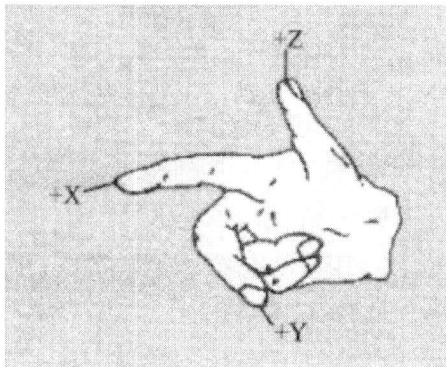

图 2-1-2-4　右手法则

任务准备

实施本次任务所使用的实训设备及工具材料可参考下表。

序号	分类	名称	型号规格	数量	单位	备注
1	设备	焊接机器人一套	IRB1410	1	套	
2	设备	焊接机器人一套	IRB1600	1	套	带水冷系统

任务实施

操纵任务	工件坐标系的设定	姓名	
学号		组别	

1 在主菜单选项中选择"程序数据"

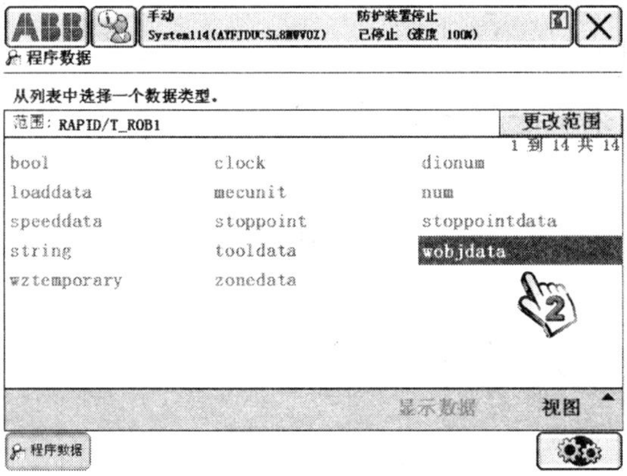

2 找到"wobjdata"工件数据，双击该项目或选中并单击"显示数据"

ℹ 系统会自带一个默认的工件数据（wobj0），该工件坐标系与大地坐标系一致

3 选择"新建"

续表

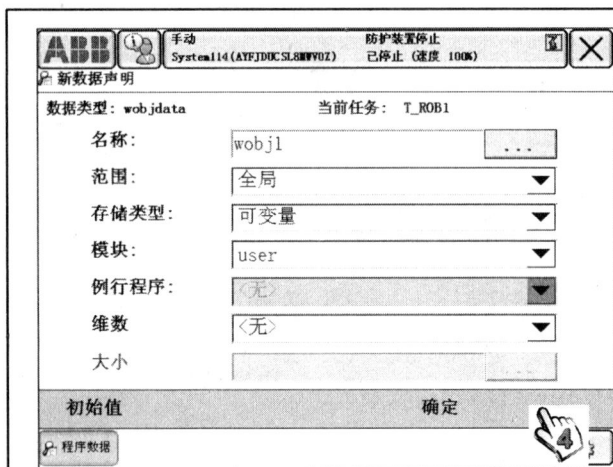

图	说明
ABB 手动 System114(AYFJDUCSL8MWVOZ) 防护装置停止 已停止（速度 100%） 新数据声明 数据类型：wobjdata　　　当前任务：T_ROB1 名称：wobj1 范围：全局 存储类型：可变量 模块：user 例行程序：〈无〉 维数〈无〉 大小 初始值　　　　确定 程序数据	新建一个新的工件"wobj1"，单击"确定"
ABB 手动 System114(AYFJDUCSL8MWVOZ) 防护装置停止 已停止（速度 100%） 数据类型：wobjdata 选择想要编辑的数据。 范围：RAPID/T_ROB1　　　更改范围 名称　　值　　　模块　　1到2共2 wobj0　[FALSE,TRUE,"...　BASE　全局 wobj1　[FALSE,TRUE,"... user　全局 删除 更改声明 更改值 复制 定义 过滤器　新建...　编辑　　查看数据类型 程序数据	选择刚才新建的工件数据，选择"编辑"单击"定义"，对该工件数据进行设定
ABB 手动 System114(AYFJDUCSL8MWVOZ) 防护装置停止 已停止（速度 100%） 程序数据 - wobjdata - 定义 工件坐标定义 工件坐标：wobj1　　　活动工具：tool0 为每个框架选择一种方法，修改位置后点击"确定"。 用户方法：3 点　　　目标方法：未更改 未更改 3 点 点　　　状态　　1到3共3 用户点 X 1 用户点 X 2 用户点 Y 1 位置　修改位置　确定　取消 程序数据	在"用户方法"中选择"3点"，目标方法为"未更改"

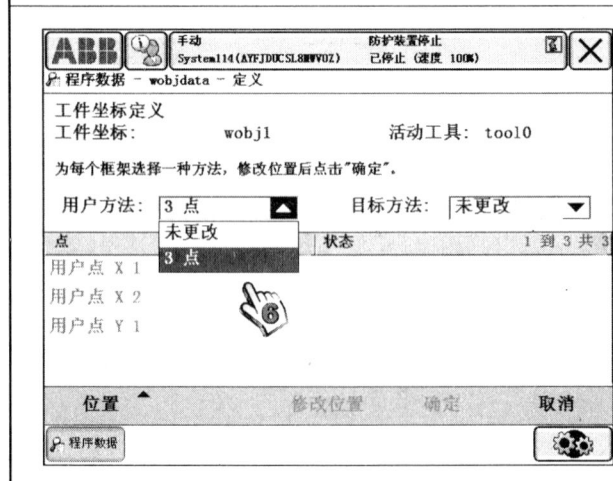

续表

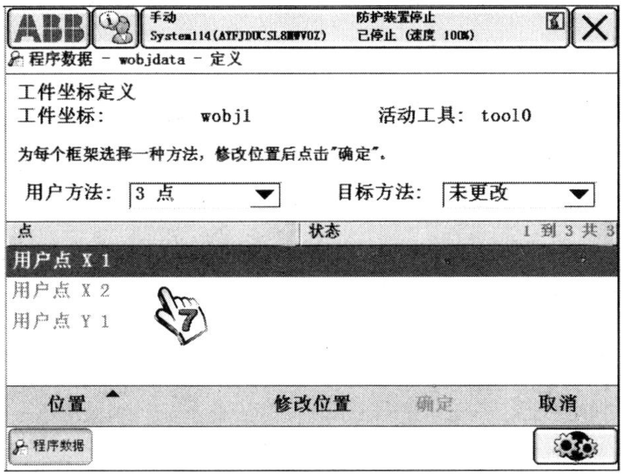

	⑦ 选择"用户点 X1"，将机器人工具中心点移动到需要设定的工件的指定点，单击"修改位置"
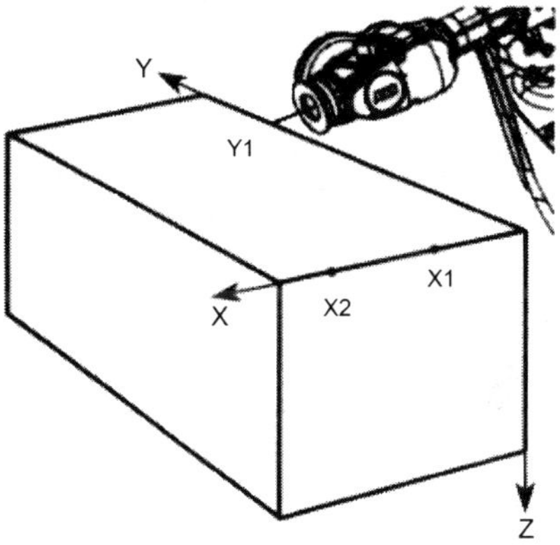 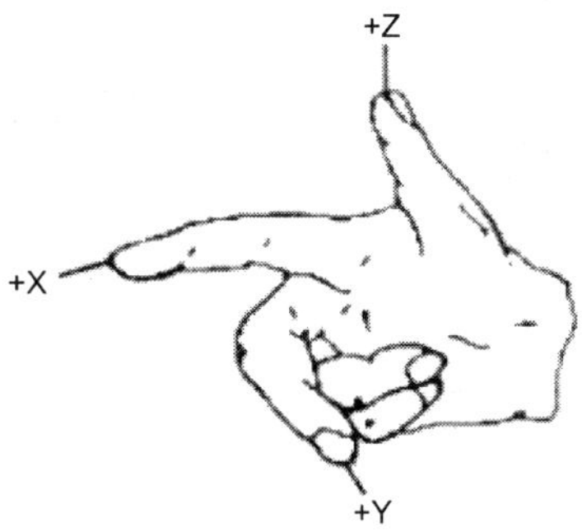	注：用户点 X1，X2，Y1 的位置确定好后，机器人的控制系统会根据"右手法则"（如图所示）来确定各坐标轴的方向

⑧ 以相同的方法定义 X2 点与 Y1 点，选择"确定"

⑨ 将需要定义的工件的一个直边设定为工件坐标系的 X 轴，另一直边为 Y 轴，Z 轴符合右手法则不需要人工设定

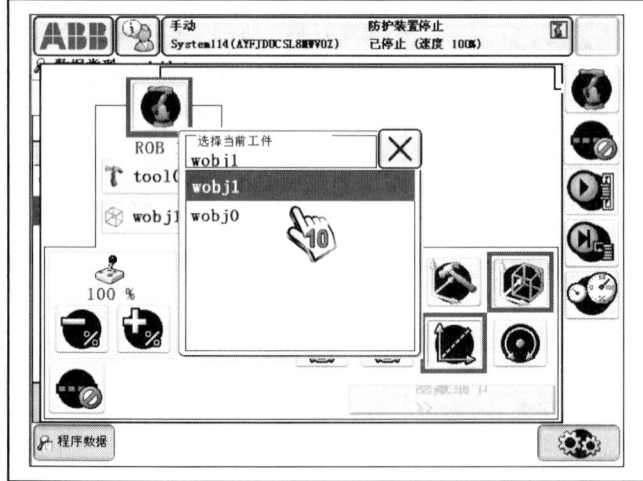

⑩ 使用线性运动模式与工件坐标系并且选择刚建好的工件坐标，试着进行手动操纵，观察工具中心是否沿着设定的坐标轴直线移动

检查评议

姓名		学号		分值	自评	互评	师评
序号	考核项目	评分标准					
1	学习态度	是否守纪（不迟到、不早退、不高声说话、不串岗）	5				
		在任务实施过程中表现出积极性、主动性和发挥作用	5				
2	学习方法	是否运用各种资料提取信息进行学习，获得新知识	2				
		在任务实施过程中，是否发现问题、分析问题和解决问题	3				
		是否认真分析任务	3				
		是否认真将资料完整归档	2				
3	任务完成情况	能否理解工件坐标系的优点	20				
		能否理解机器人各坐标系的使用场合	20				
		能否掌握工件数据的设定方法	30				
4	职业素养	团队关系融洽，共同制订计划完成任务	2				
		发现问题协商解决，认真对待他人意见	2				
		主动沟通，语言表达流利	2				
		具备安全防护与环保意识	2				
		做好6S（整理、整顿、清洁、清扫、素养、安全）	2				

【想一想　练一练】

1. 焊接机器人有哪几种坐标系？各自在什么情况下使用？

2. 机器人工作站中的工件指的是什么？

3. 创建工件坐标系有何优点？

项目二　程序编程与调试

任务 1　建立一个可以运行的 RAPID 程序

学习目标

知识目标：

1. 了解示教再现原理。

2. 了解 RAPID 程序的结构。

能力目标：

1. 能正确使用焊接机器人的程序编辑器。

2. 会建立一个可以运行的 RAPID 程序。

任务描述

某企业有一批焊接件需要采用 ABB 机器人进行焊接，操作人员在编程前要学会程序编辑器的使用，建立一个可以运行的 RAPID 程序，以便完成焊接机器人的程序编写工作。

任务分析

目前焊接机器人属于第一代示教再现型机器人，由于这种机器人结构简单、操作简便、成本低，因此得到广泛的使用。通过程序编辑器建立一个可以运行的 RAPID 程序，可以实现示教再现功能。

相关理论

一、示教再现工作原理

绝大多数工业机器人属于示教再现方式的机器人。什么是示教再现？"示教"就是机器人学习的过程，在这个过程中，操作人员要手把手教机器人做某些动作，机器人的控制系统会以程序的形式将其记忆下来。机器人按照示教时记录下来的程序展现这些动作，就是"再现"过程。示教再现机器人的工作原理如图 2-2-1-1 所示。

示教时，操作人员通过示教器编写运动指令，也就是工作程序，然后由计算机查找相应的功能代码并存入某个指定的示教数据区，这个过程称为示教编程。

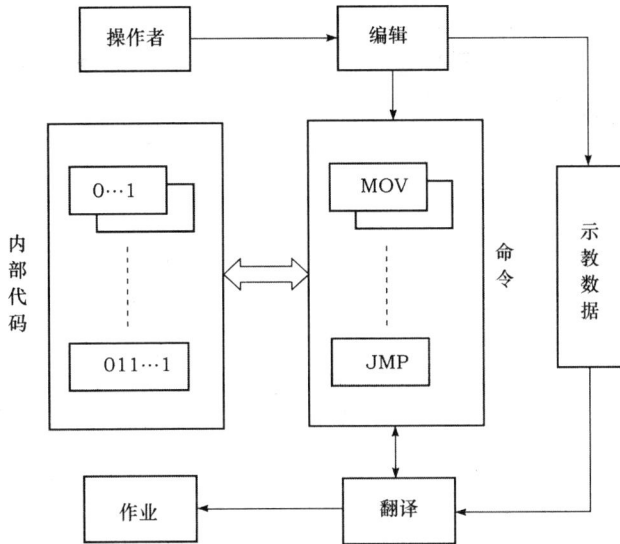

图 2-2-1-1　示教再现原理

再现时，机器人的计算机控制系统自动逐条取出示教指令及其他有关数据，进行解读、计算。作出判断后，将信号送给机器人相应的关节伺服驱动器或端口，使机器人再现示教时的动作。

二、RAPID 程序结构

RAPID 应用程序结构如图 2-2-1-2 所示。

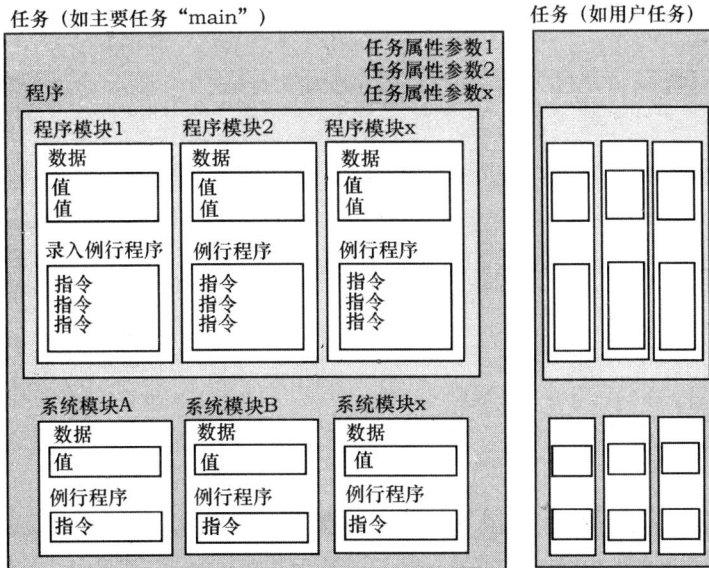

图 2-2-1-2　RAPID 应用程序

1. 任务与程序

通常每个任务包含了一个 RAPID 程序和系统模块，并实现一种特定的功能（例如点焊或操纵器的运动）。

一个 RAPID 应用程序包含一个任务，如图 2-2-1-3 所示（如果安装了 Multitasking 选项，则可以包含多个任务）。

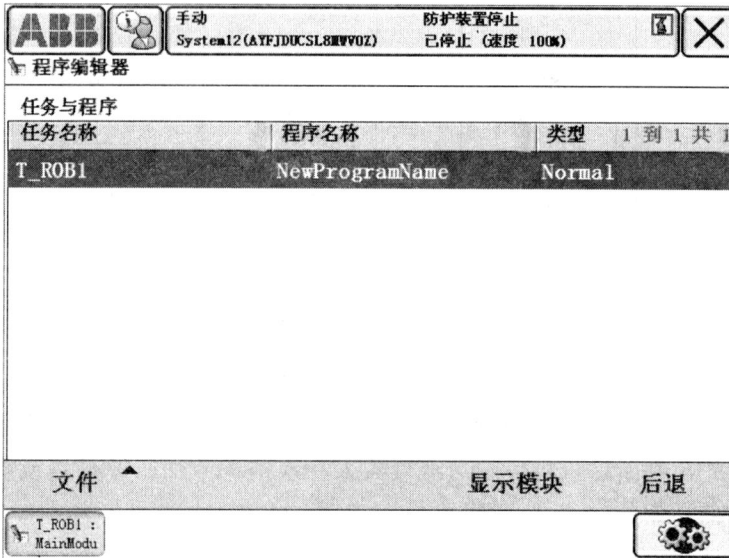

图 2-2-1-3　程序任务

2. 程序模块

每个程序模块都包含特定作用的数据和例行程序，如图 2-2-1-4 所示。将程序分为不同的模块后，可改进程序的外观，且使其便于处理。每个模块表示一种特定的机器人动作或类似动作。从控制器程序内存中删除程序时，也会删除所有程序模块。程序模块通常由用户编写。

图 2-2-1-4　模块

3. 数据

数据是程序或系统模块中设定的值和定义。数据由同一模块或若干模块中的指令引用（其可用性取决于数据类型，如图 2-2-1-5 所示）。

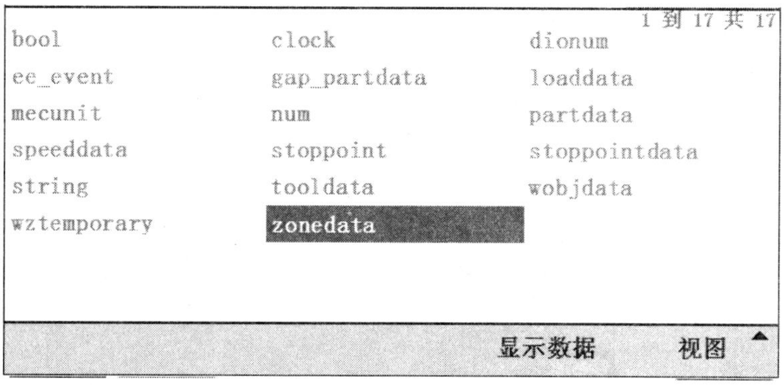

图 2-2-1-5　数据类型

4. 录入例行程序

在英文中有时称为"main"的特殊例行程序，被定义为程序执行的起点。每个程序必须含有名为"main"的录入例行程序，如图 2-2-1-6 所示，否则程序将无法执行。

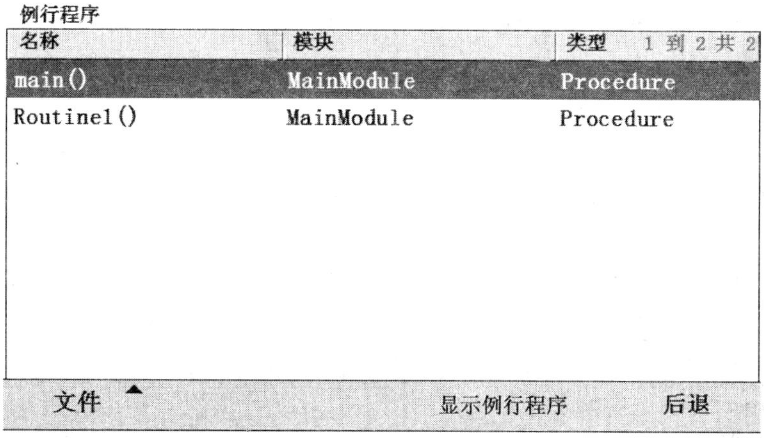

图 2-2-1-6　录入例行程序

5. 例行程序

例行程序包含一些指令集，它定义了机器人系统实际执行的任务，如图 2-2-1-7 所示。另外，例行程序也包含指令需要的数据。

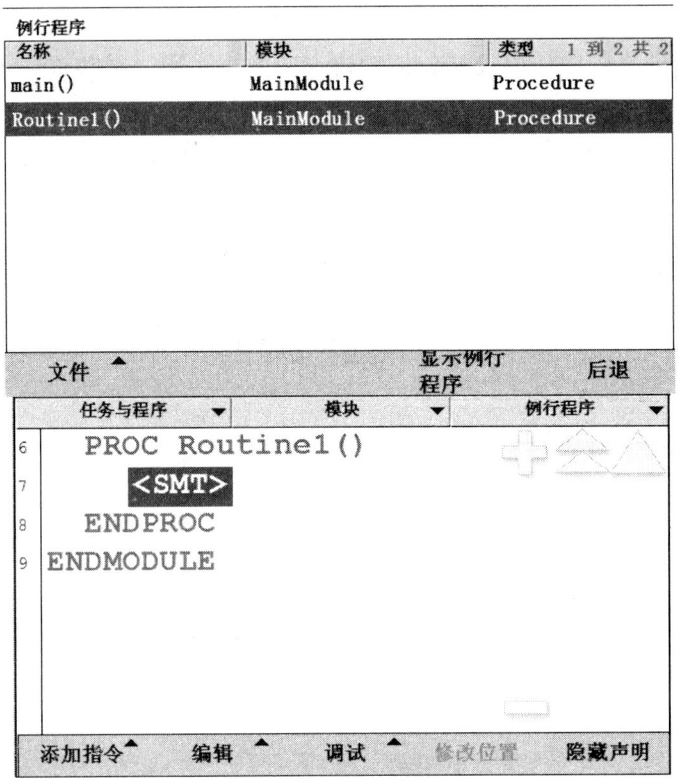

图 2-2-1-7　例行程序

6. 指令

指令是对特定事件的执行请求，如图 2-2-1-8 所示。例如"运行操纵器 TCP 到特定位置"或"设置特定的数字化输出"。

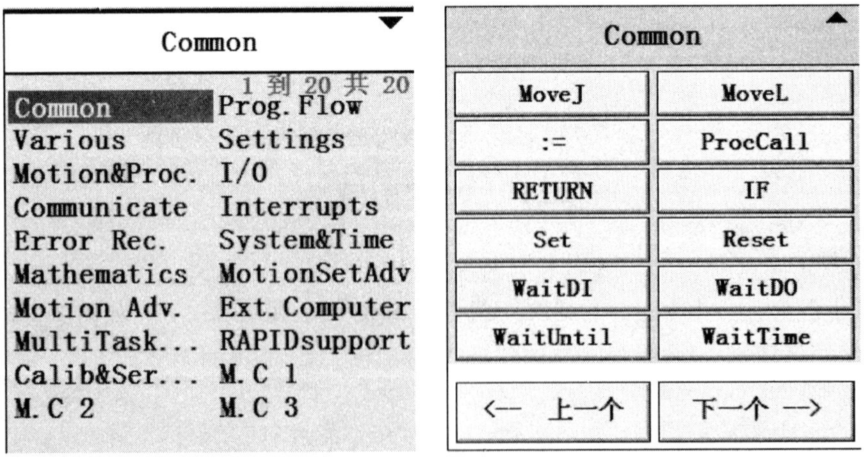

（a）指令目录　　　　　　　　　　（b）指令

图 2-2-1-8　指令

三、新建与加载程序

新建与加载一个程序的步骤如下：

（1）在主菜单下选择"程序编辑器"。

（2）选择任务与程序。

（3）若创建新程序，选"新建"，然后打开输入面板对程序进行命名；若编辑已有程序，则选"加载"，显示文件搜索工具。

（4）在搜索结果中选择需要的程序，确认，程序被加载。为了给新程序腾出空间，可以删除先前加载的程序。

四、程序的存储

备份、程序和配置等信息都以文件形式保存在机器人系统中。这些文件可用特殊的"FlexPendant"应用程序（例如程序编辑器）处理，也可用"FlexPendant"资源管理器处理。

程序是以目录的形式保存，目录名可带工件编号或日期以便识别 MOD 文件中保存了某个模块内所有例行程序和数据。PGF 文件记录了这个程序中包含的模块文件名称，如图 2-2-1-9 所示程序就包含了"MainModule"和"Useful _ Routine"两个模块，加载程序要选择"PGF"文件进行。

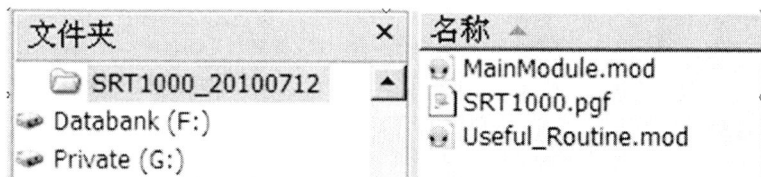

图 2-2-1-9　程序的存储

任务准备

实施本次任务所使用的实训设备及工具材料可参考下表。

序号	分类	名称	型号规格	数量	单位	备注
1	设备	焊接机器人	IRB1410	1	套	
2	设备	焊接机器人	IRB1600	1	套	带水冷系统

任务实施

操纵任务	RAPID 程序的建立与加载	姓名	
学号		组别	

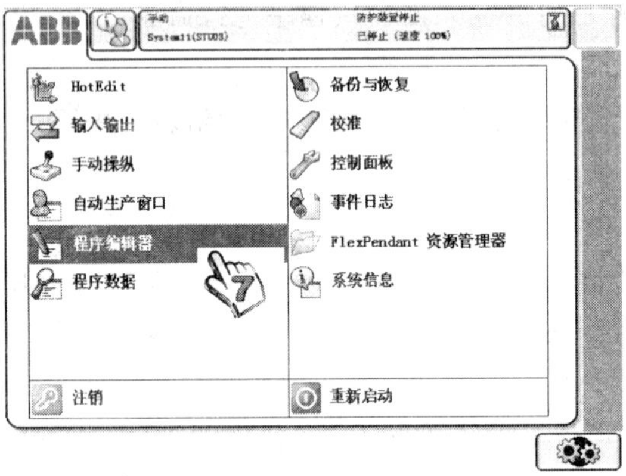

1 在主菜单中选择"程序编辑器"

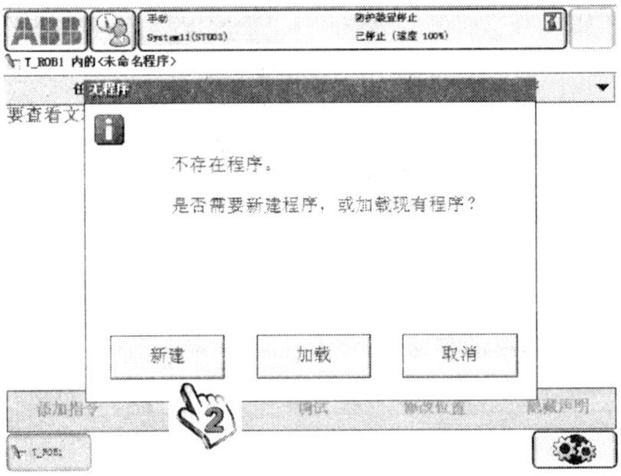

2 当程序编辑器中还没有任何建好的程序时系统会提示是否新建或加载程序，选择"新建"

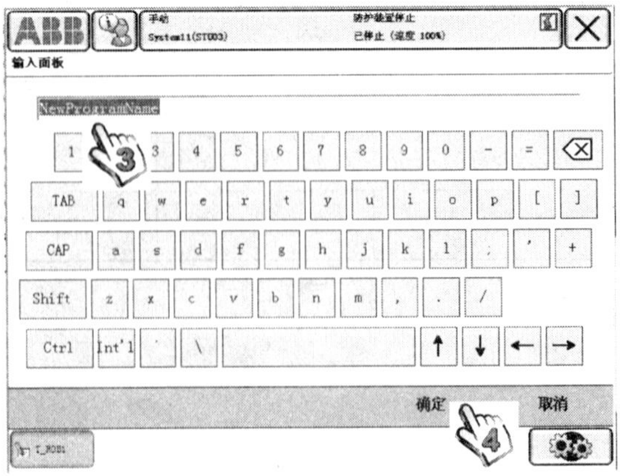

3 新建程序名称

4 单击"确定"

续表

	⑤ 进入程序编辑界面，由于"main"为录入例行程序，不能添加工作时的动作指令，所以需要单击"例行程序"进行新建 ℹ️ <SMT>表示该程序中没有任务指令为空的程序，需要添加指令，只有选中该项目"添加指令"功能图标才能正常使用
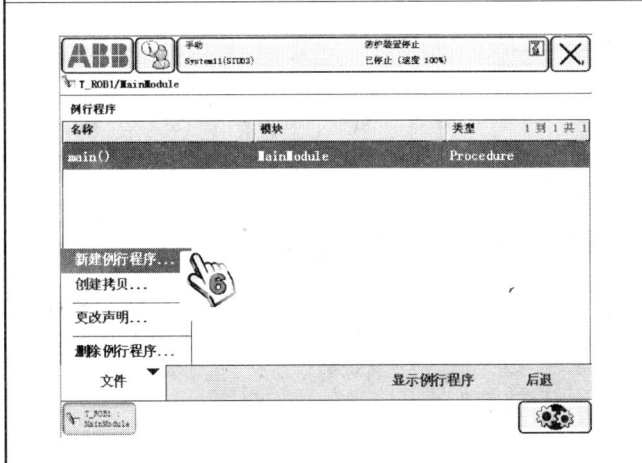	⑥ 单击"文件"选择"新建例行程序"
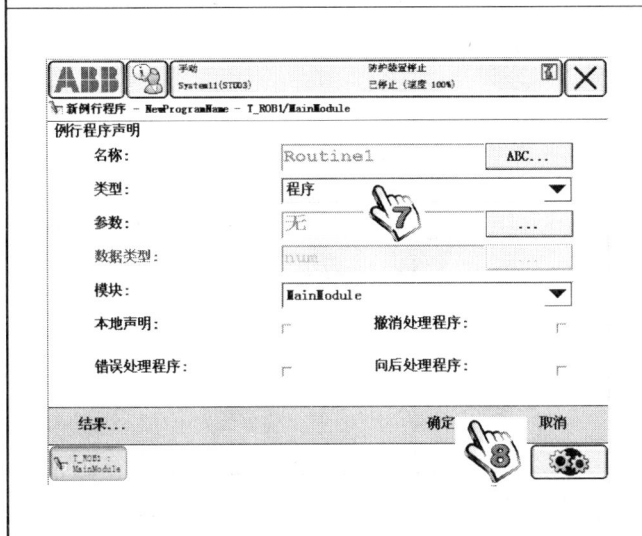	⑦ 使用默认例行程序名称"Routine1"表示例行程序1 ℹ️ 例行程序名称只能识别英文加数字的组合，不能识别中文与符号 ⑧ 选择"确定"新建好一个例行程序

⑨ 选中新建好的例行程序，选择"文件"点击"更改声明"

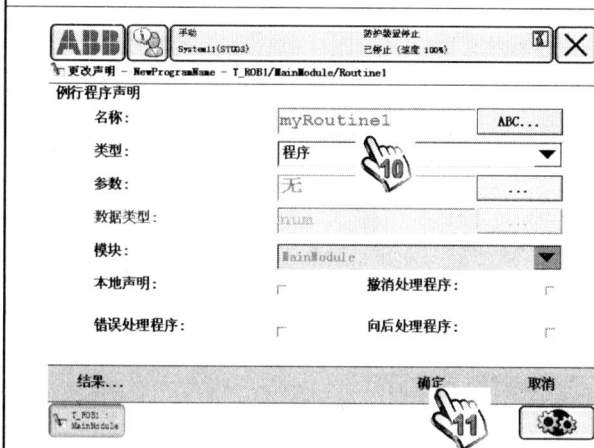

⑩ 在"名称"选项框中单击"ABC"进行例行程序的名称修改，修改为自己想要的名称（建议初学者练习时输入自己的名字全拼）

⑪ 单击"确定"完成例行程序名称的重命名

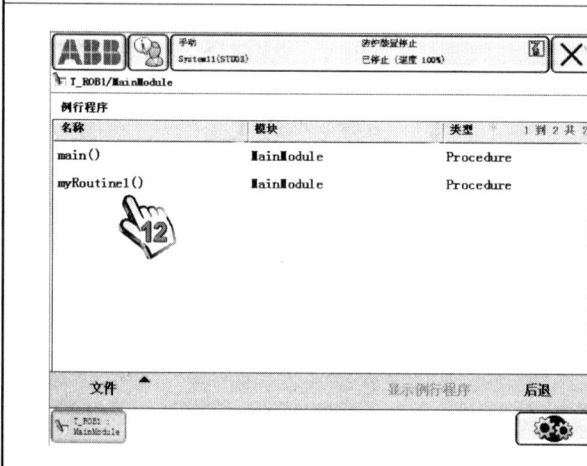

⑫ 双击自己新建的例行程序进入程序编辑界面

续表

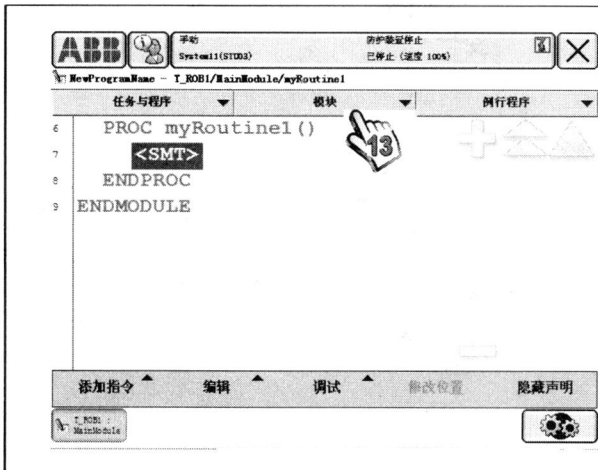	⑬ 在程序编辑界面上方单击"模块"进行查看
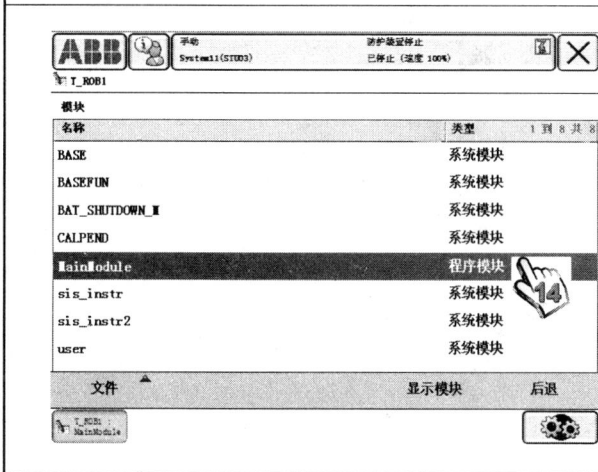	⑭ 在"模块"列表中单击"程序模块"进行查看 ℹ 模块分为"程序模块"与"系统模块",只有"程序模块"才包含有用户可以进行编程的例行程序,"系统模块"为系统默认设置程序,不能够被修改,否则系统会出现不可预测的错误
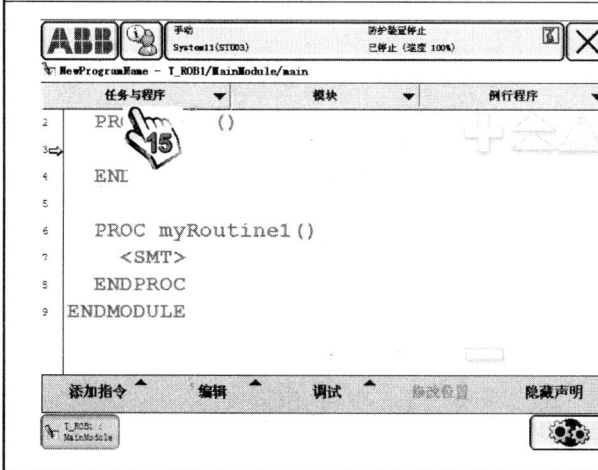	⑮ 在程序编辑界面上方单击"任务与程序"

续表

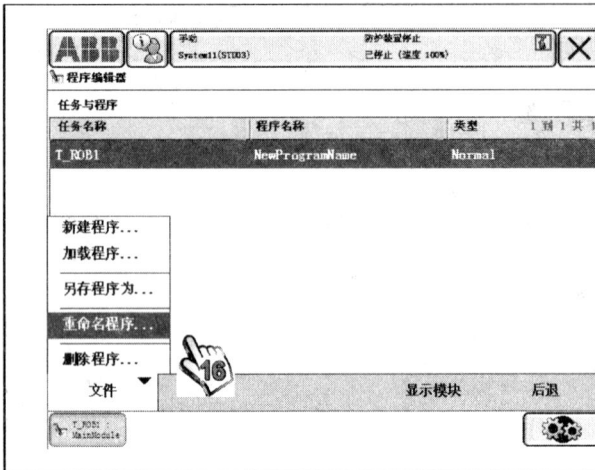	16 选择程序并在"文件"菜单中选择"重命名程序"
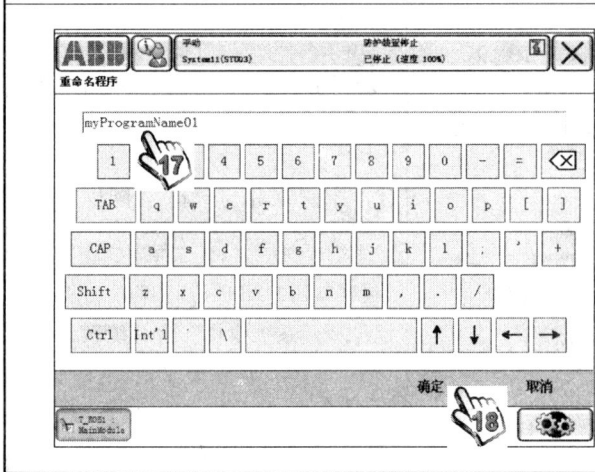	17 输入自己想要的程序名称 18 单击"确定"完成修改
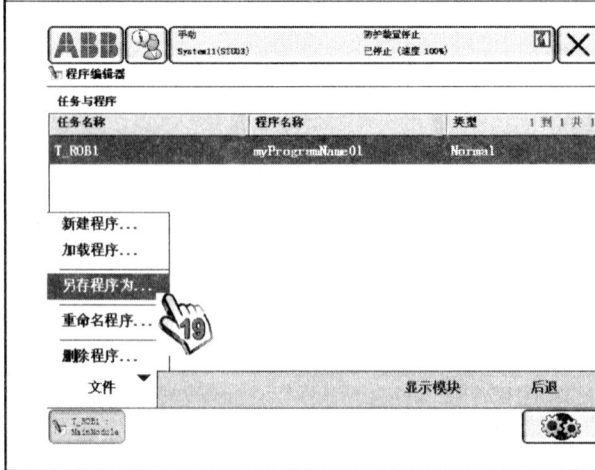	19 选中任务并在"文件"菜单中选择"另存程序为"进行程序的保存

续表

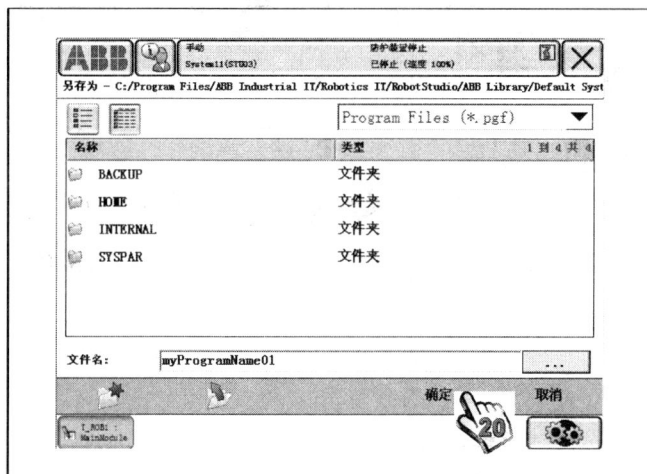	🖐️⑳ 选择合适的文件夹，程序会以文件夹的形式进行保存（文件名称为程序名称）
	🖐️㉑ 选择自己新建好的例行程序，在"文件"菜单中单击"删除程序"
	🖐️㉒ 例行程序删除后任务列表中无例行程序 ℹ️ "删除程序"功能执行后被删除的程序任务是不可以恢复的，除非在删除程序前已经把程序任务完整地保存，所以操作者删除程序前要小心操作以防误操作

	23 选择"文件"菜单单击"加载程序",打开一个已经保存好的程序任务
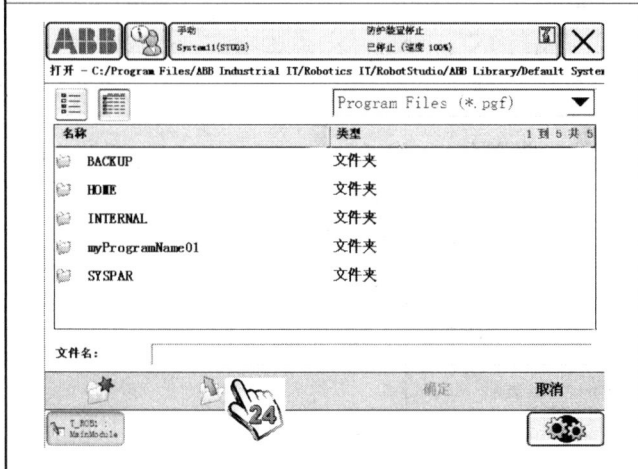	24 单击文件夹和返回操作找到之前保存的程序任务文件夹
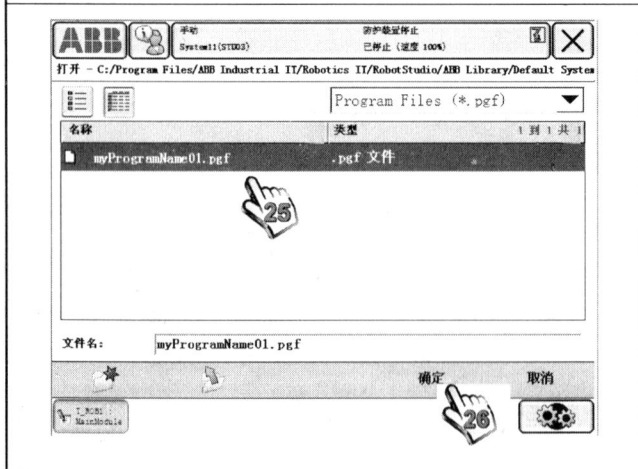	25 在文件夹中找到相应的程序任务名称和类型为".pgf"的文件并选中该文件

ABB 手动 System1(STUD3)	防护装置停止 已停止 (速度 100%)	✕

```
myProgramName01 - T_ROB1/MainModule/main
任务与程序 ▼    模块 ▼    例行程序 ▼
2   PROC main()
3→    <SMT>
4   ENDPROC
5
6   PROC myRoutine1()
7     <SMT>
8     ENDPROC
9 ENDMODULE

添加指令▲  编辑▲  调试▲  修改位置  隐藏声明
T_ROB1
MainModule
```

㉖单击"确定"将该文件打开。

程序任务文件被打开后立即会显示所有的例行程序包括录入例行程序，接下来就可以对该文件进行编辑与运行操作

检查评议

姓名		学号		分值	自评	互评	师评
序号	考核项目		评分标准	分值	自评	互评	师评
1	学习态度	是否守纪（不迟到、不早退、不高声说话、不串岗）		5			
		在任务实施过程中表现出积极性、主动性和发挥作用		5			
2	学习方法	是否运用各种资料提取信息进行学习，获得新知识		2			
		在任务实施过程中，是否发现问题、分析问题和解决问题		3			
		是否认真分析任务		3			
		是否认真将资料完整归档		2			
3	任务完成情况	能否新建并修改程序任务		20			
		能否新建一个例行程序		20			
		能否正确保存程序任务		30			
4	职业素养	团队关系融洽，共同制订计划完成任务		2			
		发现问题协商解决，认真对待他人意见		2			
		主动沟通，语言表达流利		2			
		具备安全防护与环保意识		2			
		做好 6S（整理、整顿、清洁、清扫、素养、安全）		2			

【想一想 练一练】

1. 什么是示教再现原理？
2. RAPID 应用程序结构包含哪几个部分？
3. 程序以何形式进行存储？如何加载程序？

任务 2　基本移动程序的编程与调试

学习目标

知识目标：

1. 了解焊接机器人常用指令的含义。

2. 了解指令中速度与拐弯区尺寸的含义。

3. 掌握焊接机器人常用指令的使用方法。

能力目标：

1. 能正确编辑焊接机器人的程序及调试。

2. 会自动运行程序。

任务描述

　　某企业有一批焊接件需要采用 ABB 机器人进行焊接，焊接前操作人员要对工件进行程序编辑，以便焊接机器人执行程序进行焊接加工。

任务分析

　　人要去做什么特定的事情首先要在大脑中有这个想法，然后再发出命令由人体的各个部分来执行。焊接机器人属于自动化控制设备的一种，每种自动化设备都有自己独有的控制命令，也称指令。ABB 机器人提供了丰富的指令来完成各种简单与复杂的应用。不管简单或者复杂的应用都会用到一些相同的指令，这种指令就叫做常用指令。机器人用于焊接领域，编程时常用的指令可分为：运动指令与焊接指令。

相关理论

一、常用运动指令

机器人在空间中进行运动主要有四种方式：关节运动（MoveJ）、线性运动（MoveL）、圆弧运动（MoveC）和绝对位置运动（MoveAbsJ）。

1．MoveAbsJ：绝对位置运动（有时也称回原点指令）

绝对位置运动用于机器人各轴转角与外部轴各轴转角（如图 2-2-2-1 所示）运动到转轴目标（如图 2-2-2-2 所示）中的各轴角度数据，一般用于回原点等能够明确各轴转角的场合。

名称	值	名称	值
rax_1 :=	0	eax_a :=	9E+09
rax_2 :=	0	eax_b :=	9E+09
rax_3 :=	0	eax_c :=	9E+09
rax_4 :=	0	eax_d :=	9E+09
rax_5 :=	0	eax_e :=	9E+09
rax_6 :=	0	eax_f :=	9E+09

（a）机器人各轴转角　　（b）外部轴转角

图 2-2-2-1　各转轴数据

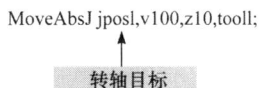

MoveAbsJ jposl,v100,z10,tooll;

转轴目标

图 2-2-2-2　转轴目标

2．MoveJ：关节运动

关节运动指令是在对路径精度要求不高的情况，机器人的工具中心点 TCP 从一个位置移动到另一位置，两个位置之间的路径不一定是直线，如图 2-2-2-3 所示。

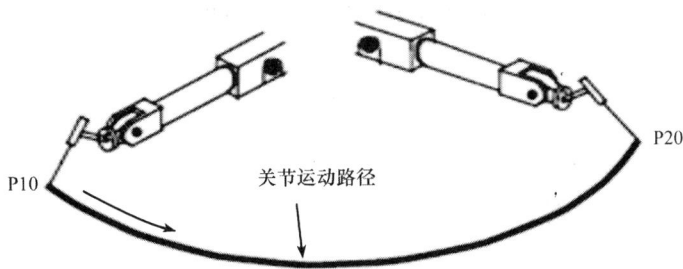

P20

P10

关节运动路径

图 2-2-2-3　关节运动

关节运动的路径不可以预测，由控制系统自定，所以使用关节运动指令时要注意避开工件或者其他障碍物。关节运动指令应用时具有以下三个特点：

（1）不存在运动死点；

（2）对机械保护好；

（3）只适用于大范围空间运动。

3．MoveL：线性运动

线性运动是机器人的 TCP 从起点到终点之间的路径始终保持为直线（如图 2-2-2-4 所示），一般如焊接、涂胶等对路径要求高的场合使用此指令。注意：线性运动机器人关节存在死点，应尽量避免 4 轴与 5 轴成同一直线的情况。

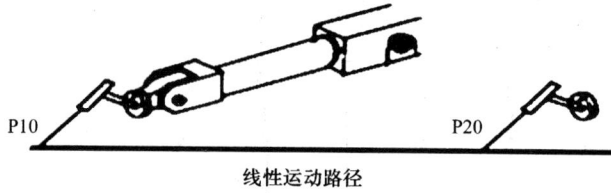

图 2-2-2-4　线性运动

4. MoveC：圆弧运动

圆弧运动是在机器人可到达的空间范围内定义三个位置点，第一点是圆弧的起点，第二点是圆弧的中点，第三点是圆弧的终点，如图 2-2-2-5 所示。

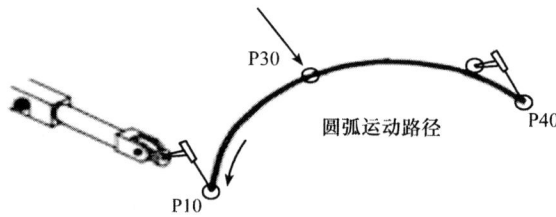

图 2-2-2-5　圆弧运动

MoveC p30,p40,v100,z10,tooll;

圆弧中点　　圆弧终点

注意：圆弧的起点为前一指令的最后一点。

二、移动指令使用示例

轨迹图：

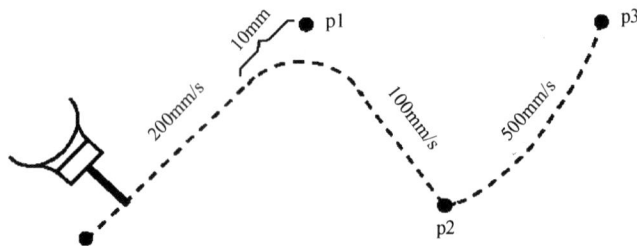

指令：

①MoveL p1，v200，z10，tool1/wobj＝wobj1；

机器人的 TCP 从当前位置向 p1 点以线性的运动方式前进，速度是 200mm/s，拐弯区尺寸为 10mm，距离 p1 点位置还有 10mm 时开始拐弯。使用的工具数据为 tool1，工件数据为 wobj1。

②MoveL p2，v100，fine，tool1/wobj＝wobj1；

机器人的 TCP 从 p1 点位置向 p2 点以线性的运动方式前进，速度是 100mm/s，拐弯区尺寸为 fine，机器人在 p2 点位置稍作停顿。使用的工具数据为 tool1，工件数据为 wobj1。

③MoveJ p3，v500，fine，tool1/wobj＝wobj1；

机器人的 TCP 从 p2 点位置向 p3 点以关节运动方式前进，速度是 500mm/s，拐弯区尺寸为 fine，机器人在 p3 点位置停止。使用的工具数据为 tool1，工件数据为 wobj1。

三、程序的示教编程

1. 添加指令

在程序中添加运动指令的方法有两种：

一是在程序编辑器编辑状态下复制、粘贴需要的运动指令，必要时可修改其参数，如图 2-2-2-6 所示。

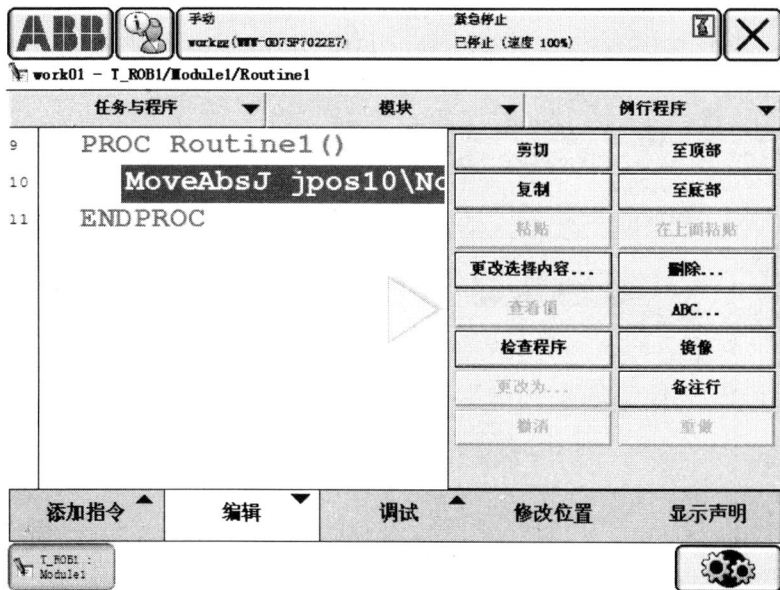

图 2-2-2-6　复制粘贴指令

二是在程序编辑器中，将光标移动到需要添加运动指令的位置，操纵摇杆使机器人到达新位置，使用"添加指令"添加新的运动指令，如图 2-2-2-7 所示。

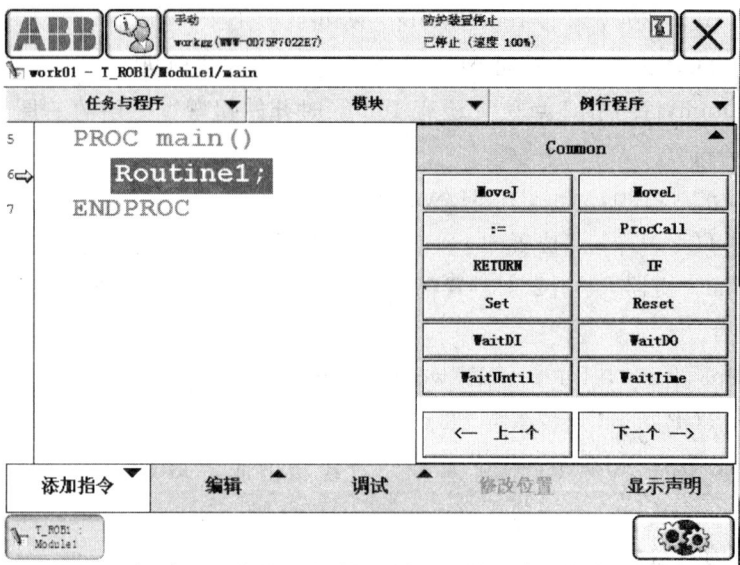

图 2-2-2-7　添加指令

2. 编辑指令变量

例如，修改程序的第一个 MoveJ 指令，改变精确点（fine）为转弯半径 z10。步骤如下：

（1）在主菜单下选"程序编辑器"，进入程序，选择要修改变量的程序语句，如图 2-2-2-8 所示。

图 2-2-2-8　选中

（2）按"编辑"打开编辑窗口，如图2-2-2-9所示。

图 2-2-2-9 编辑

（3）按"更改选择内容"，进入当前语句菜单，如图2-2-2-10所示。

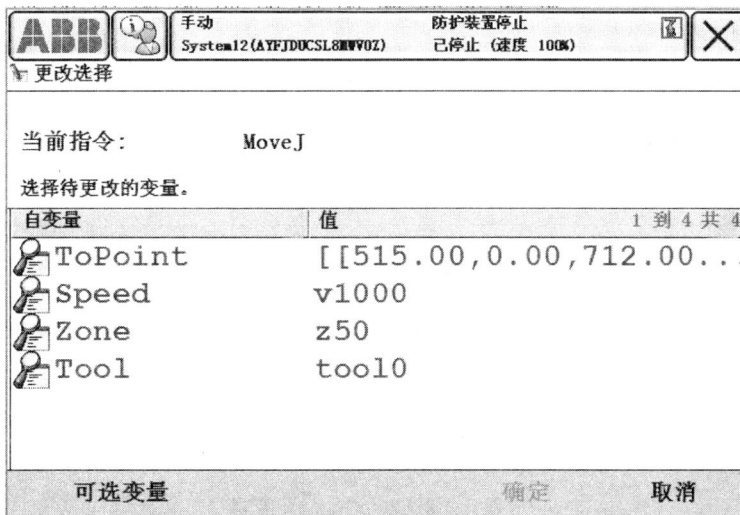

图 2-2-2-10 待更改变量

（4）选择"Zone"进入当前变量菜单，如图 2-2-2-11 所示。

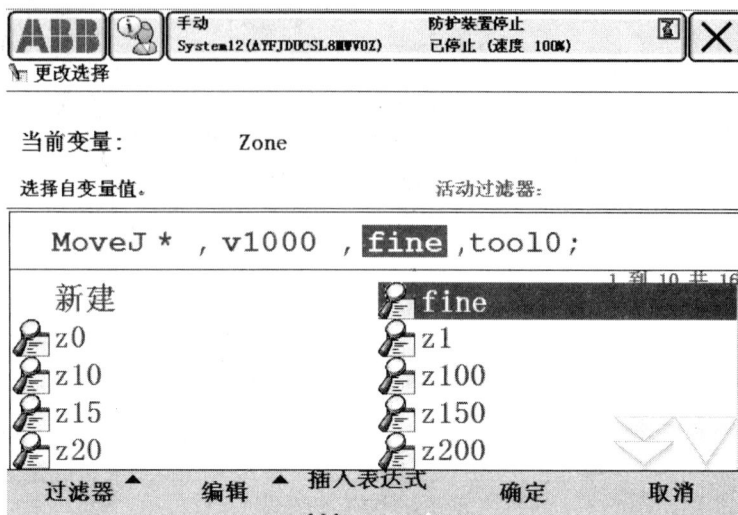

图 2-2-2-11　变量菜单

（5）选择"z10"，即可将 fine 改变为 z10，如图 2-2-2-12 所示。

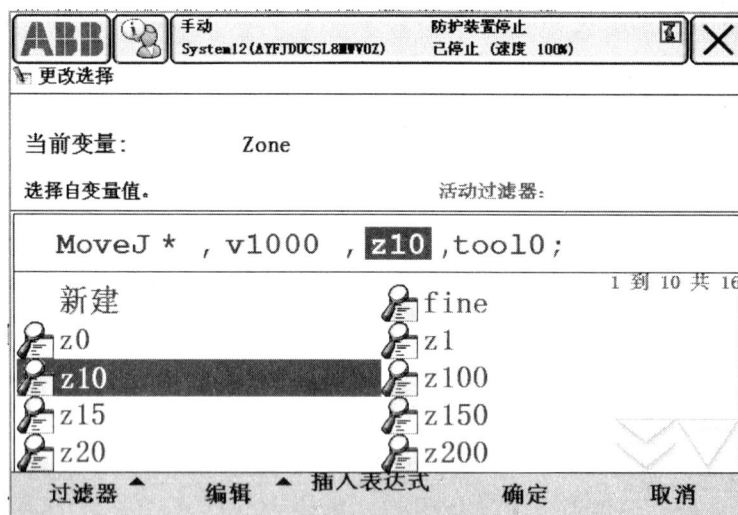

图 2-2-2-12　"Zone"变量

（6）确认，如图 2-2-2-13 所示。

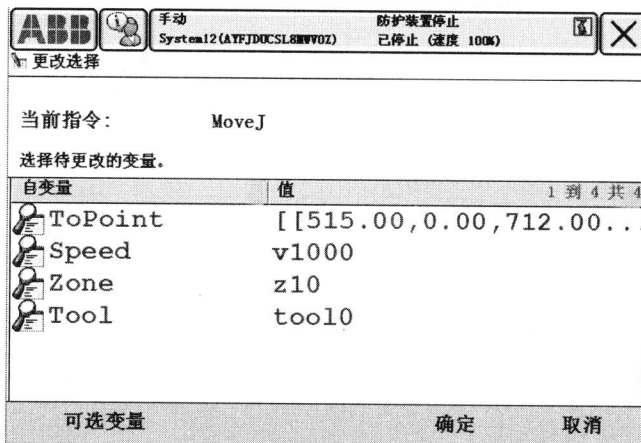

图 2-2-2-13 确认

3. 修改位置点

修改位置点的步骤如下：

（1）在主菜单中选"程序编辑器"。

（2）单步运行程序，使机器人轴或外部轴到达希望修改的点位或附近。

（3）移动机器人轴或外部轴到新的位置，此时指令中的工件或工具坐标已自动选择。

（4）按"修改位置"，系统提示确认，完成点位置的修改确认。

（5）确认修改按"修改"，保留原有点按"取消"。

（6）重复步骤（3）～（4），修改其他需要修改的点，如图 2-2-2-14 所示。

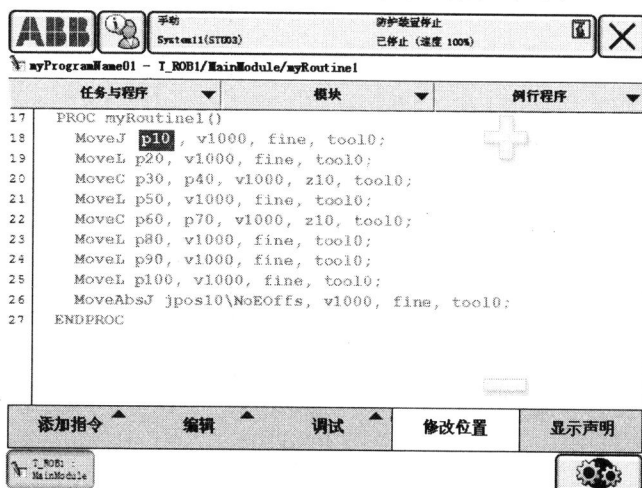

图 2-2-2-14 修改点的位置

任务准备

实施本次任务所使用的实训设备及工具材料可参考下表。

序号	分类	名称	型号规格	数量	单位	备注
1	设备	焊接机器人	IRB1410	1	套	
2	设备	焊接机器人	IRB1600	1	套	带水冷系统

任务实施

操纵任务	移动程序的示教编程	姓名	
学号		组别	

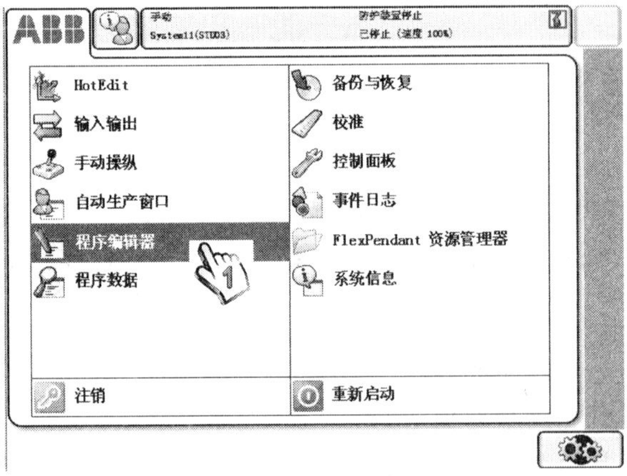

在主菜单中选择"程序编辑器"

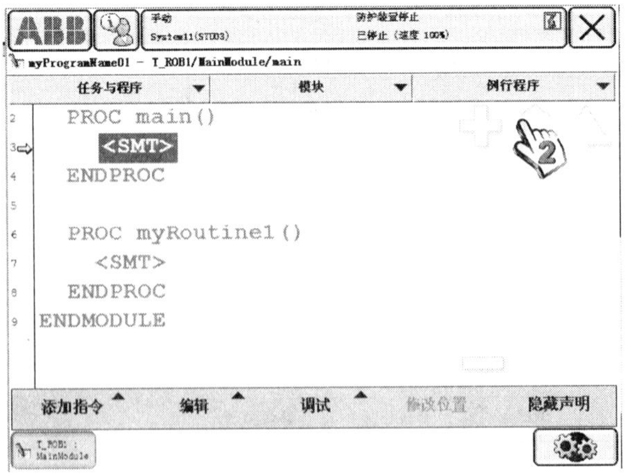

如果已经新建有程序任务，系统会马上进入例行程序的编辑界面，在该界面上方选择"例行程序"

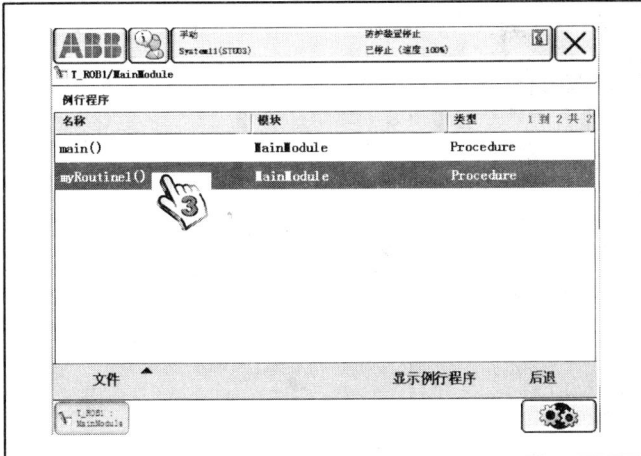

3 双击需要编辑的例行程序

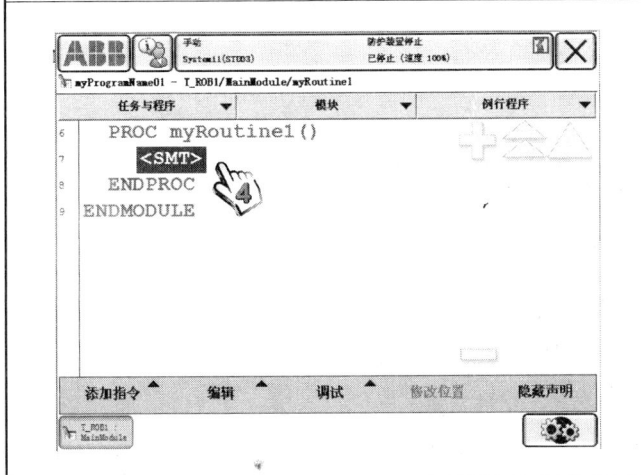

4 进入例行程序编辑界面，在程序界面中选中"<SMT>"

"<SMT>"表示该例行程序无任务指令参数为空的例行程序

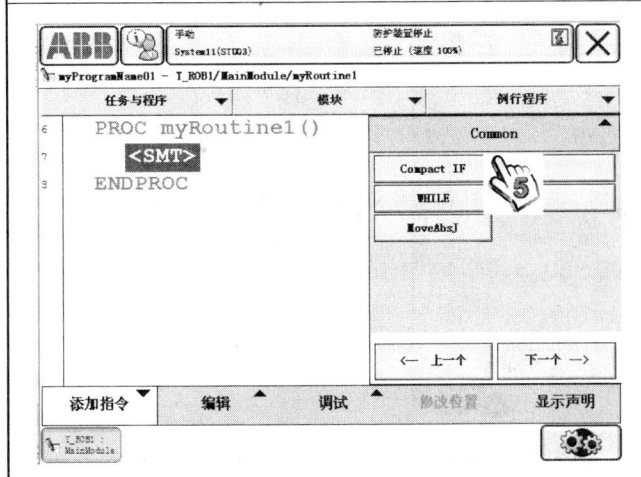

5 选择"添加指令"，在添加指令界面上方单击"Common"打开指令列表

⑥ 指令列表中会出现许多指令目录项目名称，"Common"目录里面基本上包含有编辑程序用的移动指令，单击打开该项目

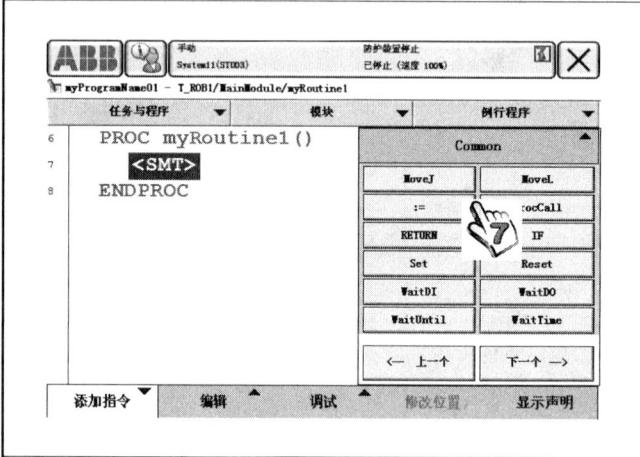

⑦ 在该目录下方单击"MoveJ"将转轴指令添加到程序界面中

⑧ 在转轴指令程序段中双击"z50"，对拐弯区尺寸进行修改

续表

	⑨ 在拐弯区尺寸列表中选择 "fine" ℹ️ "fine"表示机器人移动过程中拐弯为尖点拐弯，无圆角过渡 ⑩ 单击"确定"
	⑪ 双击指令后面的位置目标点 "*"
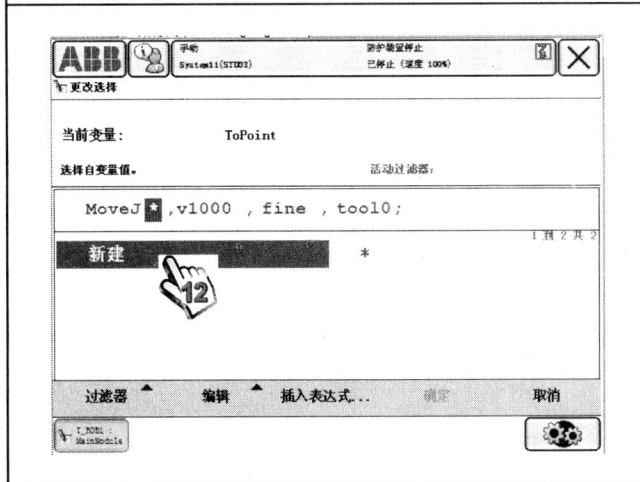	⑫ 新建一个位置目标点的数据，单击"新建" ℹ️ 位置目标点只有在调试焊接零件时才需要新建数据以便寻找位置，而如果是用来操作训练则可以用星号点代替，以减少不必要的操作

续表

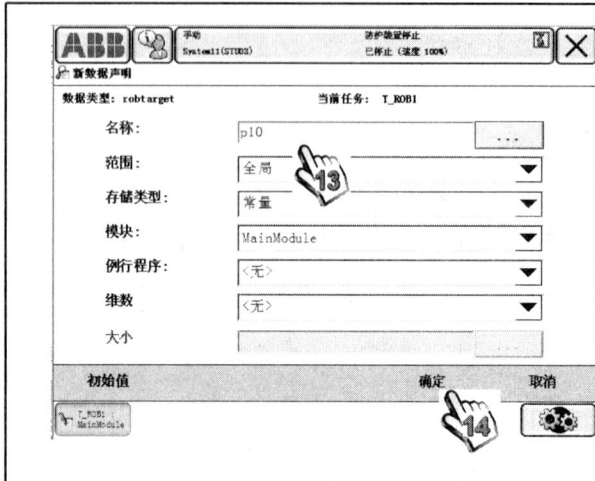	(13) 在"名称"框中修改数据名称,不需要修改则使用默认数据名称"p10" (14) 单击"确定"完成数据新建
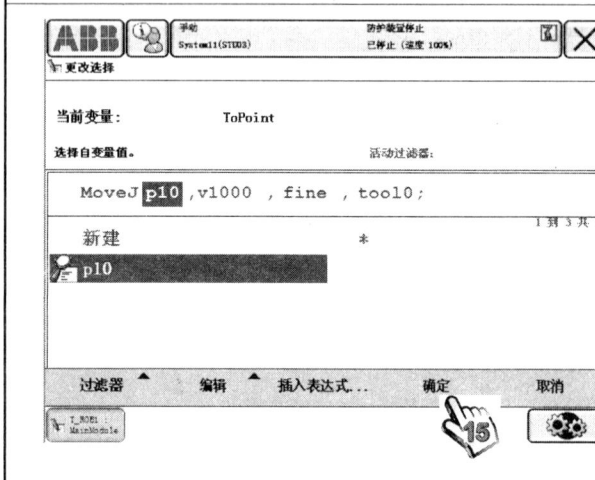	(15) 在列表中选择刚新建好的位置目标点"p10"并单击"确定"退出
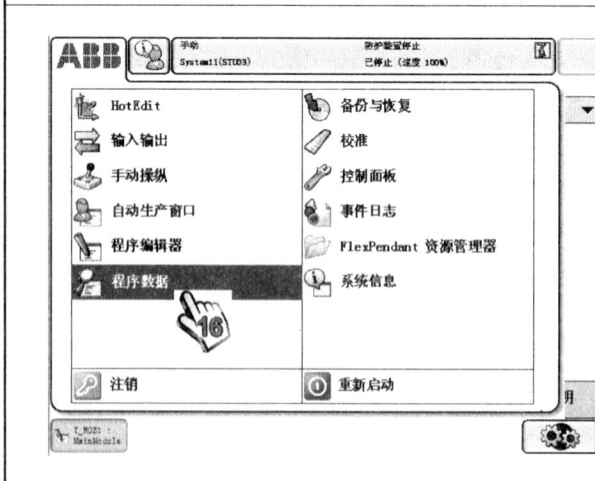	(16) 打开系统主菜单,选择"程序数据"

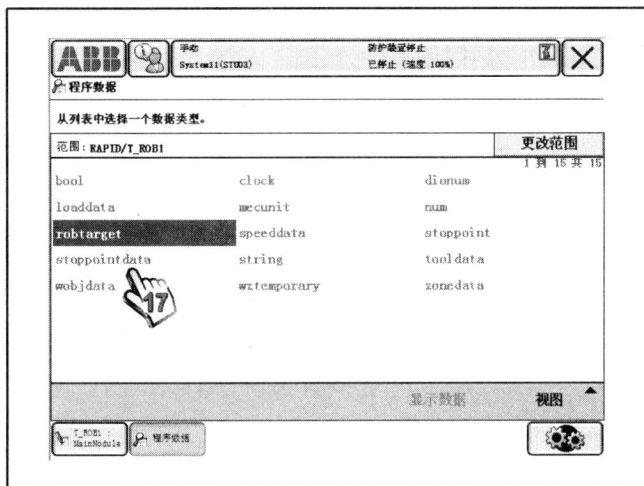

17 在"程序数据"列表中选中位置数据项目"robtarget",双击打开

18 只要在程序编辑器中新建有位置目标点数据都会在该目录中显示出来,双击该数据可以对其进行查看位置和修改位置坐标等操作

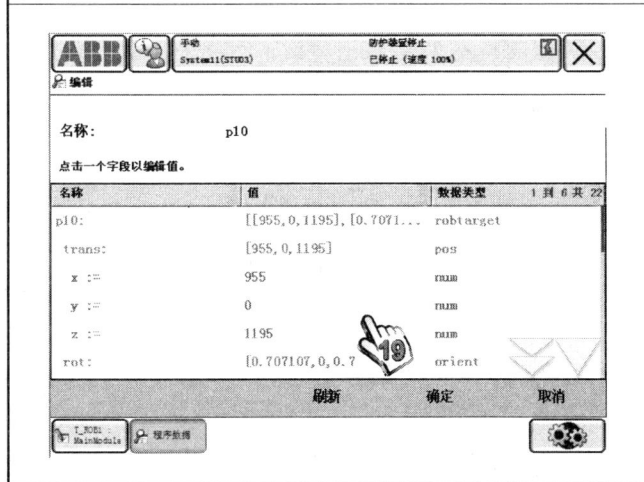

19 查看数据中储存的坐标轴数据

续表

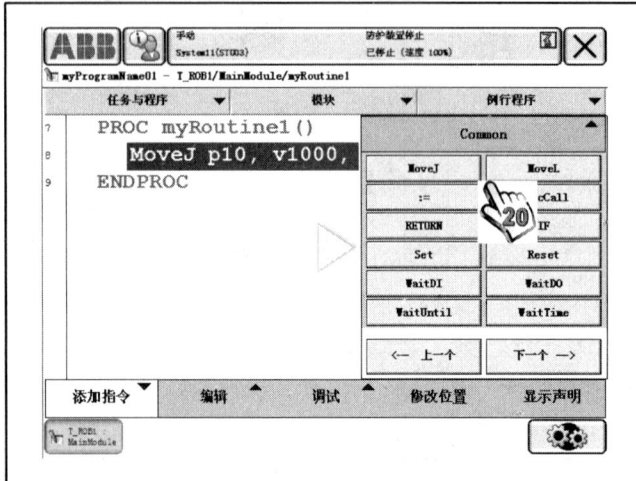

20 按照任务中的模型轨迹继续添加需要的指令

新添加的指令程序段的各个参数（如速度、拐弯区尺寸、工具）都会跟随上一指令程序段复制下来，而位置目标点则自动新建

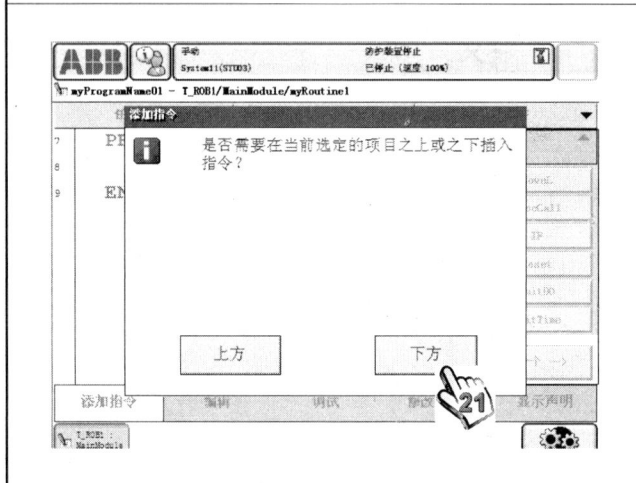

21 单击"下方"将指令程序段往下放置

22 回原点指令"MoveAbsJ"需要新建转轴目标数据，双击其后面的星号点

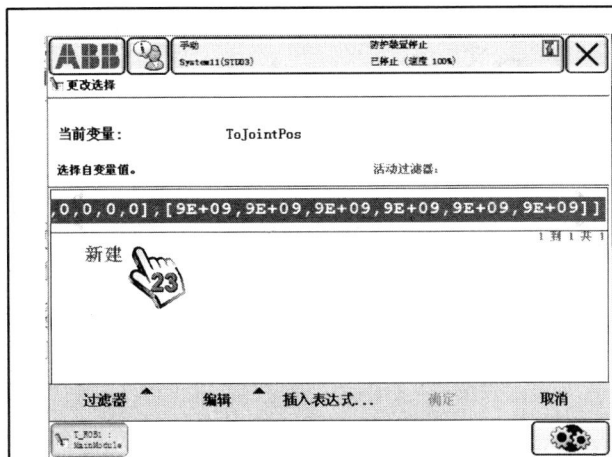

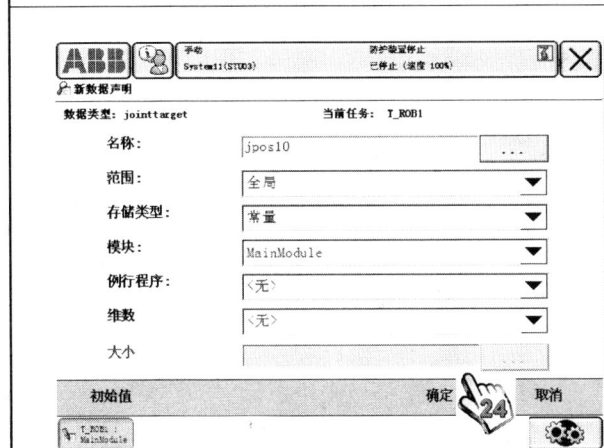

23 单击"新建"

24 使用默认的转轴目标数据名称"jpos10"，单击"确定"完成新建

25 单击该转轴数据并单击"确定"退出

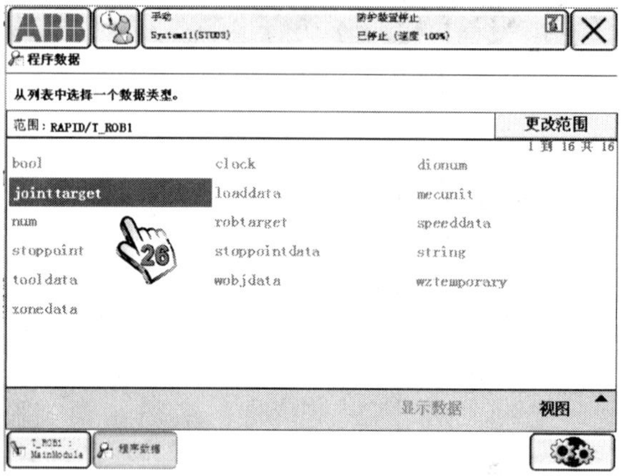	26 在"程序数据"列表中双击 "jointtarget"转轴数据目录
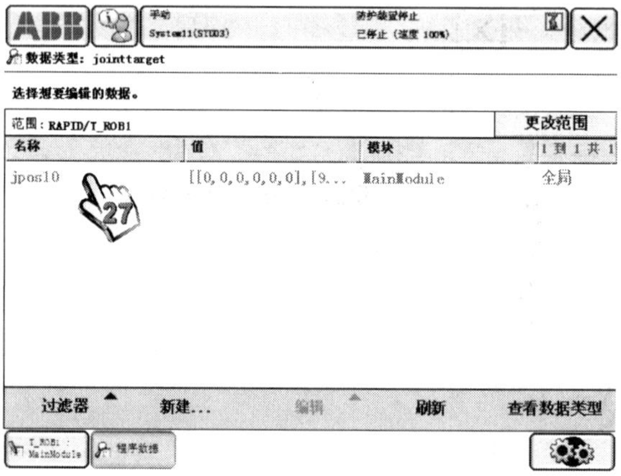	27 在该目录列表中显示了刚新 建的转轴数据，双击该数据进行 修改
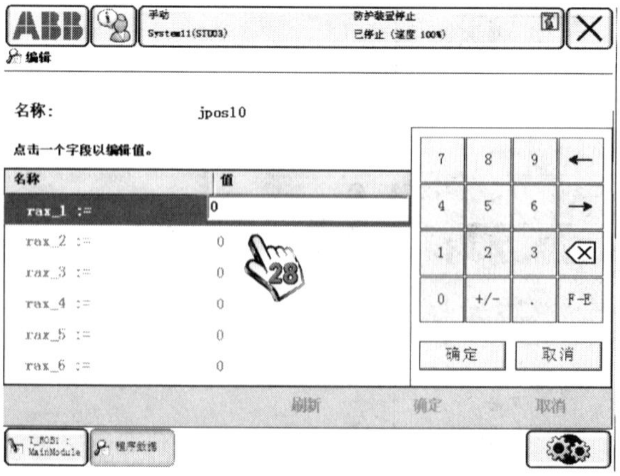	28 将 轴 1（rax_1）至 轴 6 （rax_6）的值设置为 0，并单击 "确定"退出

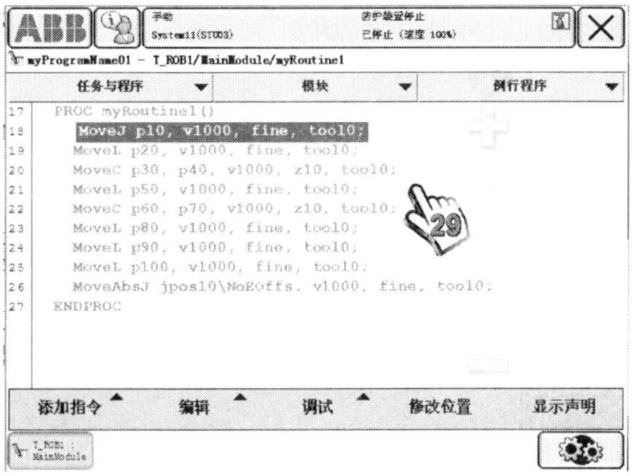

㉙对照下图检查建立的例行程序是否符合任务模型中需要运行的轨迹

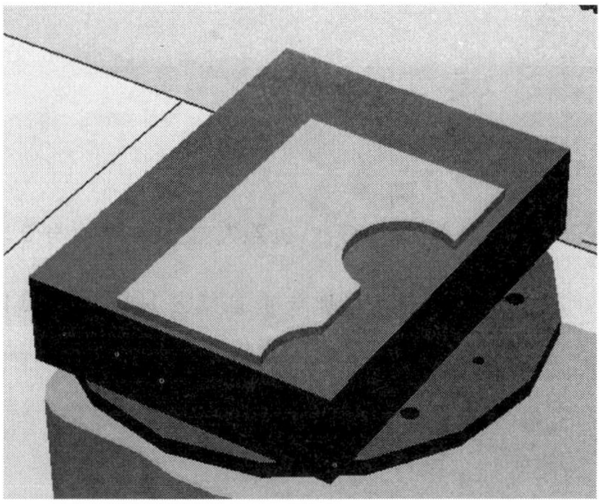

```
17    PROC myRoutine1()
18        MoveJ p10, v1000, fine, tool0;
19        MoveL p20, v1000, fine, tool0;
20        MoveC p30, p40, v1000, z10, tool0;
21        MoveL p50, v1000, fine, tool0;
22        MoveC p60, p70, v1000, z10, tool0;
23        MoveL p80, v1000, fine, tool0;
24        MoveL p90, v1000, fine, tool0;
25        MoveL p100, v1000, fine, tool0;
26        MoveAbsJ jpos10\NoEOffs, v1000, fine, tool0;
27    ENDPROC
```

操纵任务	移动程序的调试	姓名	
学号		组别	

```
17    PROC myRoutine1()
18        MoveJ p10 , v1000, fine, tool0;
19        MoveL p20      , fine, tool0;
20        MoveC p30      v1000, z10, tool0;
21        MoveL p50      , fine, tool0;
22        MoveC p60      v1000, z10, tool0;
23        MoveL p80, v1000, fine, tool0;
24        MoveL p90, v1000, fine, tool0;
25        MoveL p100, v1000, fine, tool0;
26        MoveAbsJ jpos10\NoEOffs, v1000, fine, tool0;
27    ENDPROC
```

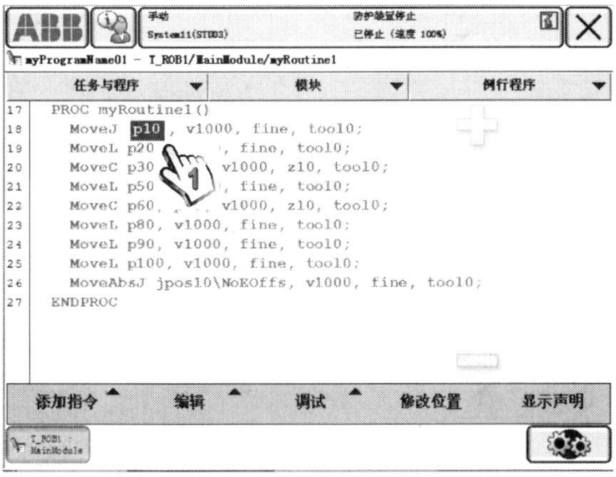

① 在新建好的例行程序中选中需要确定的目标点"p10"

续表

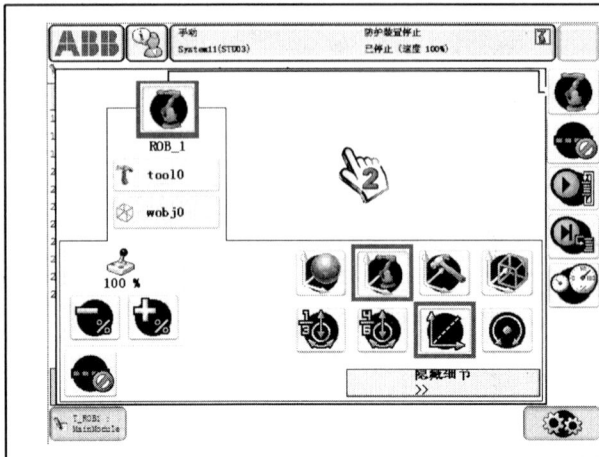

使用手动操纵模式将机器人的 TCP 移动到起点位置

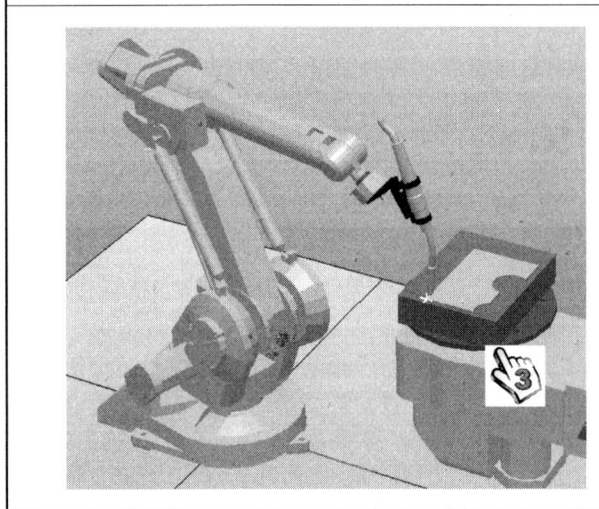

机器人本体的 4 轴与 5 轴不能成一条直线并且保证焊枪保持竖直姿态

TCP 移动至指定位置后，单击"修改位置"

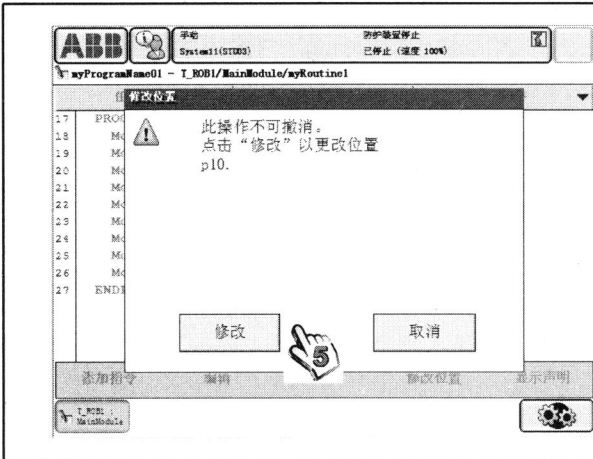

⑤ 选择"修改"

ℹ 修改后的位置目标点会将该位置的坐标数据存储在目标点数据中，操作者可以通过"程序数据"进行查看

⑥ 以相同的方法将其他目标点的位置确定下来

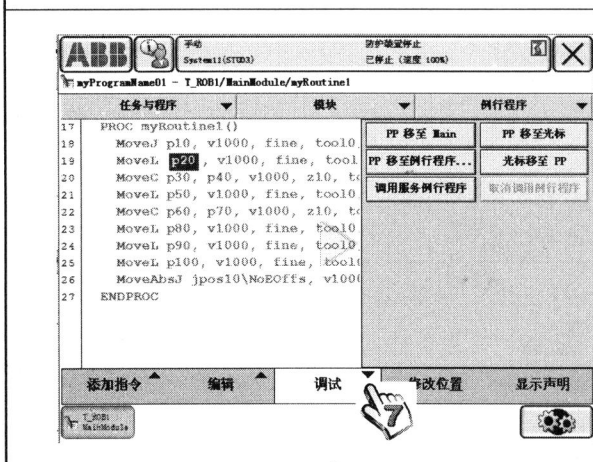

⑦ 目标点位置确定后，选择"调试"选项中的"PP移至例行程序"

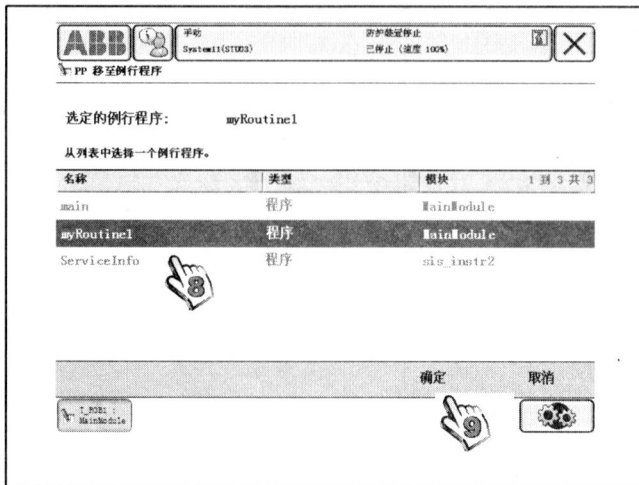

⑧ 在出现的例行程序列表中选择需要运行的例行程序

⑨ 单击"确定"

⑩ 在例行程序的开头会出现黄色的光标,按下"使能器",先单步向前运行程序,检验无误后再连续运行程序

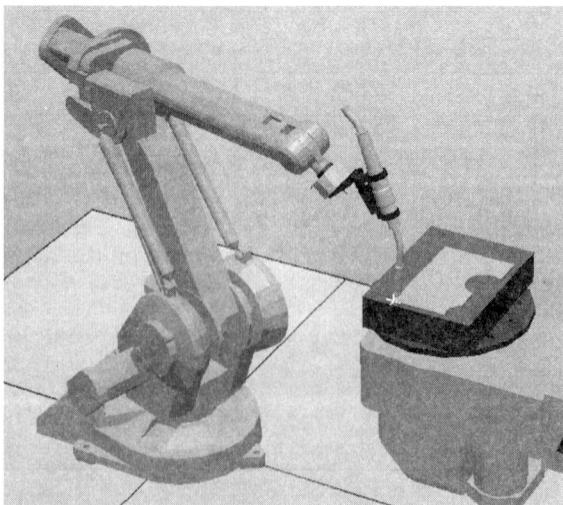

续表

操纵任务	自动运行程序	姓名	
学号		组别	

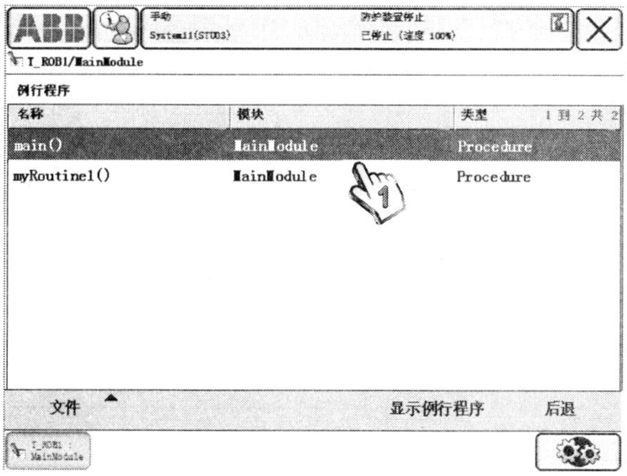

① 在"例行程序"列表中双击录入例行程序（main）

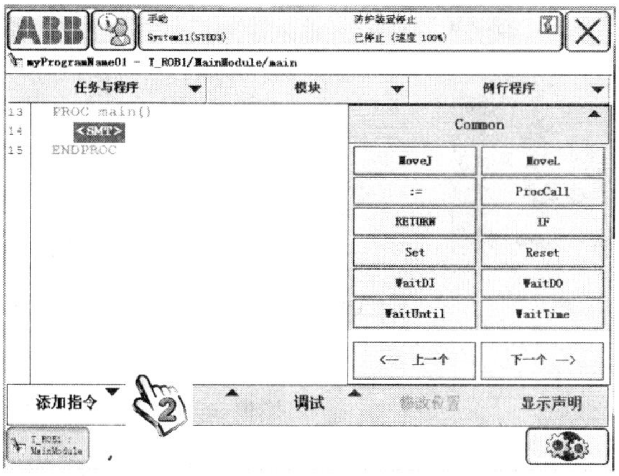

② 使用程序调用指令"Proc-Call"将需要运行的程序调用出来

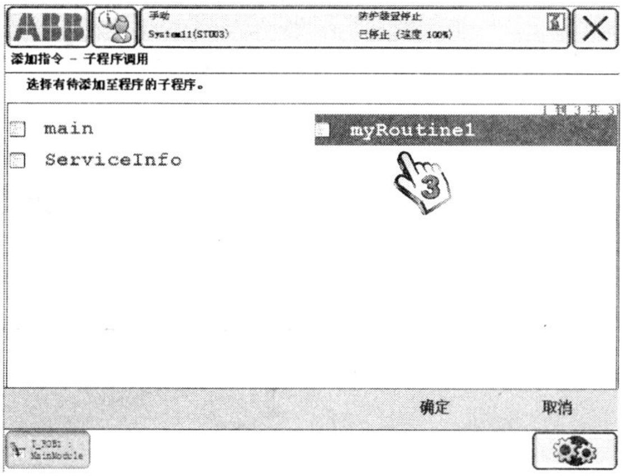

③ 在调用程序列表中选择需要运行的例行程序，单击"确定"

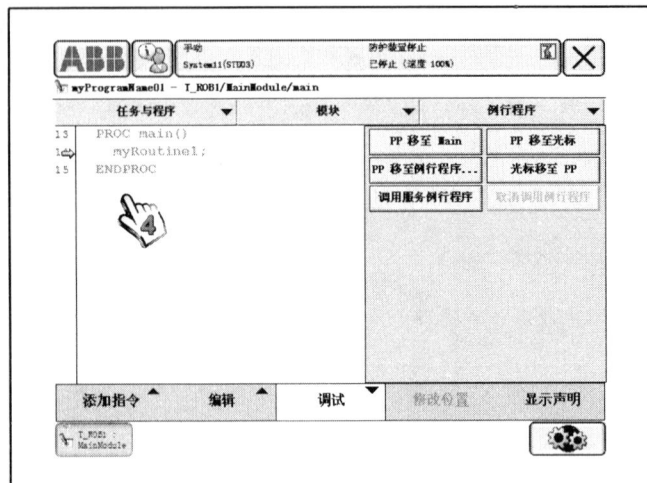

④ 在录入例行程序中就会插入需要运行的例行程序，单击"调试"选择"PP 移至 Main"，黄色光标就会出现在录入例行程序中

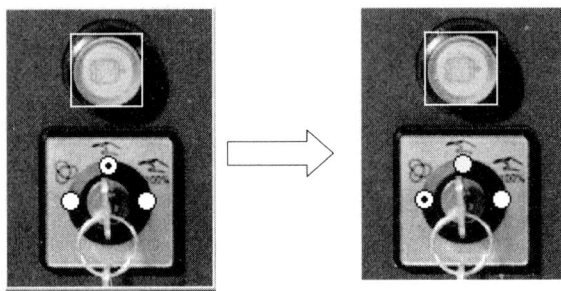

⑤ 将控制柜上的模式选择按钮从"手动模式"打至"自动模式"，在示教器界面弹出的警告对话框中单击"确定"

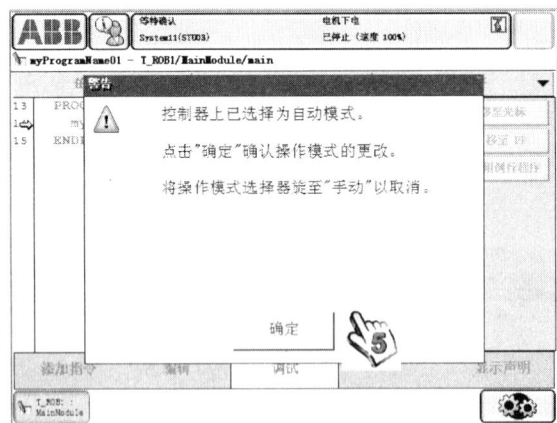

切换模式后电机的"上电/失电"按钮灯会停止闪烁，表明电机处于失电状态，需要重新上电操作

续表

```
13    PROC main()
14 ⇨     myRoutine1;
15    ENDPROC
16
17    PROC myRoutine1()
18      MoveJ p10, v1000, fine, tool0;
19      MoveL p20, v1000, fine, tool0;
20      MoveC p30, p40, v1000, z10, tool0;
21      MoveL p50, v1000, fine, tool0;
22      MoveC p60, p70, v1000, z10, tool0;
23      MoveL p80, v1000, fine, tool0;
24      MoveL p90, v1000, fine, tool0;
25      MoveL p100, v1000, fine, tool0;
26      MoveAbsJ jpos10\NoEOffs, v1000, fine, tool0;
```

加载程序...   PP 移至 Main   调试

6 按下控制柜上的"上电/失电"按钮

7 按下工位操作面板的"启动"按钮自动运行程序

检查评议

姓名		学号		分值	自评	互评	师评
序号	考核项目		评分标准	分值	自评	互评	师评
1	学习态度	是否守纪（不迟到、不早退、不高声说话、不串岗）		5			
		在任务实施过程中表现出积极性、主动性和发挥作用		5			
2	学习方法	是否运用各种资料提取信息进行学习，获得新知识		2			
		在任务实施过程中，是否发现问题、分析问题和解决问题		3			
		是否认真分析任务		3			
		是否认真将资料完整归档		2			
3	任务完成情况	能否掌握程序的编辑与新建方式		20			
		能否正确运行调试程序		20			
		能否将程序自动运行		30			
4	职业素养	团队关系融洽，共同制订计划完成任务		2			
		发现问题协商解决，认真对待他人意见		2			
		主动沟通，语言表达流利		2			
		具备安全防护与环保意识		2			
		做好6S（整理、整顿、清洁、清扫、素养、安全）		2			

【想一想 练一练】

1. 转轴运动指令有何特点？在什么场合下使用？

2. 直线运动指令有何特点？在什么场合下使用？

3. 圆弧运动需要在空间中定义几个点？分别是什么？

4. 一段圆弧能否用单独一条圆弧运动指令运行？为什么？

项目三　典型焊接编程与调试

任务1　薄板角焊缝的编程与焊接

学习目标

知识目标：

1. 了解机器人各项焊接参数的含义。

2. 掌握机器人焊接参数的设置方式。

3. 掌握机器人焊接编程与操作。

能力目标：

1. 能进行角焊缝的编程与焊接。

2. 能够预防和解决焊接过程中出现的质量问题。

任务描述

某企业有一批薄板焊接件需要采用 ABB 机器人进行角焊缝，现需要机器人焊接班组的操作人员对工件进行程序编辑及焊接加工。

任务分析

本次任务主要完成薄-板角焊缝编程与焊接，重点是编辑焊接程序与设置焊接参数。本次任务需要掌握各种焊接参数的设置方式与焊接程序的调试过程，掌握机器人焊接的整个流程，为后续的焊接操作奠定基础。

相关理论

一、常用焊接指令及相关焊接参数

1. 焊接指令

（1）ArcLStart：直线焊接开始指令

直线焊接开始指令有以下特点：

①以直线或圆弧运动行走至焊道开始点，并提前做好焊接准备工作（注意不执行焊接）。

②若直接用 ArcL 命令，焊接在命令的起始点开始执行，但在所有准备工作完成前机器人保持不动。

③不管是否使用 Start 指令，焊接开始点都是 fine 点（无圆角过渡），即使设置了 Zone 参数。

（2）ArcL、ArcC：直线焊道、圆弧焊道

直线焊道、圆弧焊道指令的运动轨迹与线性运动、圆弧运动的轨迹与定点方式相同。使用时应注意如果 ArcL 指令下一条是 MoveL，焊接会停止，但结果是无法预料的（如没有填弧坑）。

（3）ArcLEnd、ArcCEen：直线或圆弧焊接结束指令

焊接直线或圆弧至焊道结束点，并完成填弧坑等焊后工作。

2．焊接参数

（1）Weld 参数：定义主要焊接参数

weld_speed 焊接速度；

main_arc 定义主电弧参数，数据类型 Arcdata；

Voltage 电压值；

WireFeed 电流值（送丝速度与电流是正比关系）。

（2）Seam 参数：用于焊接引弧、加热和收弧段，及中断后重启

①Ignition 引弧段

purge_time 气体充满气管和焊枪的时间（秒）；

preflow_time 预先送气时间，机器人保持不动等待本时间过去；

ign_arc 定义引弧电弧参数，数据类型 Arcdata；

ign_move_delay 引弧稳定之后到加热段开始之间的延时。

②End 收弧段

cool_time 第一次断弧到填弧坑电弧之间的冷却时间；

fill_time 填弧坑时间；

fill_arc 定义填弧坑电弧参数，数据类型 Arcdata；

postflow_time 焊道保护送气时间。

（3）Weave 参数：用于定义摆动参数（在焊接指令的可选变量中）

weave_shape 摆动形状，数值 0～3，其数字表示含义见下表。

0	No weaving	没有摆动
1	Zigzag weaving	Z 字形摆动
2	V-shaped weaving	V 字形摆动
3	Triangular weaving	三角形摆动

weave_type 摆动模式，数值 0～3，其数字表示含义见下表。

0	机器人的6根轴都参与摆动
1	5轴和6轴参与摆动
2	1, 2, 3轴参与摆动
3	4, 5, 6轴参与摆动

weave_cycle 摆动周期，可用周期长度或摆动频率来定义，如图 2-3-1-1 所示。

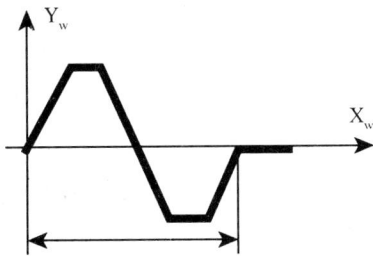

图 2-3-1-1　摆动周期

weave_width 摆动宽度（mm），如图 2-3-1-2 所示。

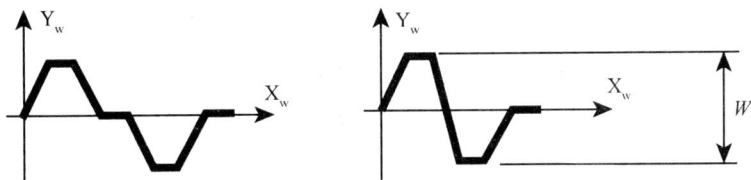

图 2-3-1-2　摆动宽度

3. 焊接指令使用示例

焊接轨迹图（如图 2-3-1-3 所示）：

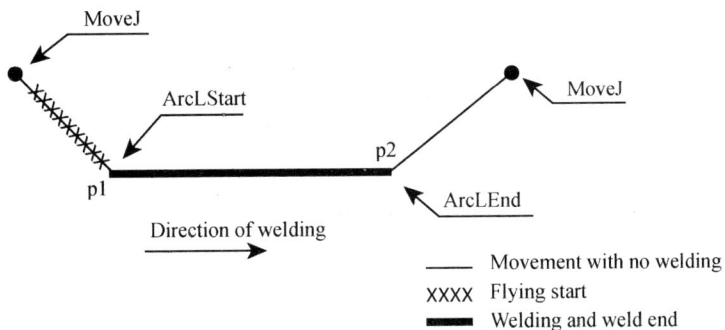

图 2-3-1-3　直线焊缝

指令：

①MoveJ....

机器人的 TCP 以关节的运动方式移动到焊道的开始点 p1 上方，焊枪的姿势调整到合适焊接。

②ArcLStart p1，v100，seam1，weld1，fine，gun1；

机器人的 TCP 以线性的运动方式移动到焊道的开始点 p1，运动速度为 100mm/s，机器人准备好焊接时所使用的参数。机器人在 p1 点位置稍作停顿后开始起弧，起弧的参数在 seam1 中设定。使用的工具数据为 gun1。

③ArcLEnd p2，v100，seam1，weld1，fine，gun1；

机器人的 TCP 以直线的焊接方式从焊道的开始点 p1 向焊接结束点 p2 焊接，焊接速度在 weld1 中设置。机器人在 p2 点位置完成收弧动作后焊接停止，收弧的参数在 seam1 中设定。使用的工具数据为 gun1。

④MoveJ . . . .

机器人的 TCP 以关节的运动方式移动到焊道的结束点 p2 上方。

4. 关于速度拐弯区

速度：

①速度一般只有到 V5000；

②在手动限速状态下，所有速度都被限制在 250mm/s。

拐弯区：

①fine 是指机器人 TCP 达到目标点，在目标点速度将为 0，机器人动作有所停顿后再向下一目标点运动。如果是一段路径的最后一点则一定为 fine。

②拐弯区数值越大，机器人动作路径就会越圆滑、越顺畅。

任务准备

资料	工具	设备
1. 机器人使用说明书； 2. 安全操作规程	个人防护用品、角磨机、钢丝刷、敲渣锤、尖嘴钳、粉笔、焊缝万能量规、三角卡盘、定位块 3×100×50（mm）薄板两块等	1. IRB1410； 2. 松下 YD-350GR 焊机； 3. 空气压缩机

任务实施

第一步：组织教学

1. 互相问候，出勤点名，检查设备布置情况。

2. 检查学生的劳动保护用品的穿戴及安全防护情况。

3. 设备、工量具及场地安全检查。

4．安排操作工位，领取工件。

第二步：教学内容

一、焊前准备工作

1．选用两块δ＝3的低碳钢板，其尺寸为3×100×50，用钢丝刷清理表面的油污与铁锈。

2．选择焊机并检查，调试工艺参数，同时检查焊丝质量。

3．准备工作服、手套、护脚、面罩等。

二、装配及固定要求

装配及固定：将两块薄板成90°进行点焊形成角焊缝位置，注意连接处不留间隙，将点焊好的试件用快速夹或压板固定在工作台上面，可以在工作台与试件之间放置一块铁板，防止焊穿损坏工作台。

三、焊接工艺参数的选择

焊丝直径（mm）	焊接电流（A）	电弧电压（V）	焊接速度（mm/s）
φ1.0	100～120	18～22	3～5

四、操作步骤及要领

1．程序编程

①先确定工件的位置并夹紧，后确定焊接顺序。

②程序编程时应注意焊枪姿态的变化，需要留有一定量的移动指令供姿态的转换。

③程序中空间移动距离较大的时候，应选用较大的移动距离以提高加工效率。

④程序中的外部轴激活指令需要放在整个程序的最前面，否则会运行错误。

2．修改目标点

①手动操纵机器人到指定目标点时应注意使用"线性"模式与"重定位"模式结合运动。

②焊接圆弧时注意两点间的距离不能太小。

③定点前应把焊丝剪到合适的长度，然后重新定义工具中心点（TCP）。

④程序中的工具应与手动操纵的活动工具保持一致，否则将无法修改目标点位置。

⑤修改目标点时焊枪姿势一定要摆好，否则影响焊缝质量。

3．模拟运行程序

①将焊接电源关闭并且把焊接功能锁定，若不锁定焊接功能机器人将无法运行。

②先单步执行程序，确定各点位置正确后再连续运行。

4．试件焊接

①焊机电源打开，启动焊接功能。

②焊接前应注意检查保护气体开关是否为开启状态。

③手动运行程序焊接时注意按稳"使能器",防止焊接过程断弧影响焊接质量。

④焊接过程中可能会因为焊枪姿态变化过大或者焊接参数等原因造成断弧,这时不要急于停止,应让机器人正常运行下去,机器人会重新起弧焊接。

⑤断弧而且重新起弧三次后还不能正常焊接时应停止运行程序检查断弧原因。

5. 参数调整及位置微调

根据焊缝成形情况与焊缝位置修改相应焊接参数与目标点位置。

6. 自动焊接

将焊接机器人调至"自动模式",检查周围有无其他人员或障碍物,确定无误后按下操作面板启动按钮。

五、机器人编程与调试

```
PROC jiaohanfeng
    MoveAbsJ jpos10 \\NoEOffs, V1000 , z0 ,Torch1;
    MoveJ g10, v1000, z50, Torch1;
    MoveJ g20, v1000, z50, Torch1;
    ArcLStart g30, v200, seam1, weld1,weave\\weave1, fine, Torch1;
    ArcLEnd g40,v200,seam1, weld1, weave\\weave1, fine, Torch1;
    MoveJ g50, v200, z50, Torch1;
    MoveJ g60, v200, z50, Torch1;
    MoveAbsJ jpos10\\NoEOffs, v1000, z0, Torch1;
    Stop;
ENDPROC
```

六、焊接质量要求

产品外观质量评价表						
检查项目	标准、分数	焊 缝 等 级				实际得分
		I	II	III	IV	
焊缝余高	标准(mm)	0~2	>2,≤3	>3,≤4	>4,<0	
	分　数	10	8	6	0	
焊缝高低差	标准(mm)	≤1	>1,≤2	>2,≤3	>3	
	分　数	10	8	6	0	
焊缝宽度	标准(mm)	≤20	>20,≤21	>21,≤22	>22	
	分　数	10	8	5	0	
焊缝宽窄差	标准(mm)	≤1.5	>1.5,≤2	>2,≤3	>3	
	分　数	10	8	6	0	

检查项目	标准、分数	焊　缝　等　级				实际得分
		Ⅰ	Ⅱ	Ⅲ	Ⅳ	
咬　边	标准（mm）	0	深度≤0.5且长度≤15	深度≤0.5长度>15，≤30	深度>0.5或长度>30	
	分　数	10	8	6	0	
未焊透	标准（mm）	0	深度≤0.5且长度≤15	深度≤0.5长度>15，≤30	深度>0.5或长度>30	
	分　数	10	8	6	0	
角变形	标准（mm）	0~1	≥1，≤3	>3，≤5	>5	
	分　数	10	8	6	0	
错边量	标准（mm）	0	≤0.7	>0.7，≤1.2	>1.2	
	分　数	10	8	6	0	
重要尺寸	标准（mm）	0~0.5	0.5~1	1~2	>2	
	分　数	10	8	6	0	
焊缝正面外表成形	标准（mm）	优	良	一般	差	
		成形美观，焊纹均匀细密，高低宽窄一致	成形较好，焊纹均匀，焊缝平整	成形尚可，焊缝平直	焊缝弯曲，高低宽窄明显，有表面焊接缺陷	
	分　数	10	8	6	0	

注：1. 焊缝未盖面、焊缝表面及根部已修补或试件做舞弊标记则该单项作0分处理。

2. 凡焊缝表面有裂纹、夹渣、未熔合、气孔、焊瘤等缺陷之一的，该试件外观为0分

总分

要求：

(1) 表面焊缝与母材圆滑过渡，咬边深度小于0.5mm。

(2) 焊缝宽度≤原坡口宽度＋5mm，宽度差≤3mm，焊缝余高0~2mm，余高差≤2mm。

(3) 焊缝边缘直线度≤2mm。

(4) 工件表面非焊道上不应有引弧痕迹。

(5) 焊缝周围不得有飞溅。

七、安全注意事项

（1）焊工工作时必须穿绝缘鞋，戴皮手套，以防触电。

（2）电焊工敲渣时，应戴眼镜或用面罩挡住，以免焊渣溅入眼内或灼伤皮肤。

检查评议

根据本次任务的完成情况，依据任务的要求，要求完成以下评价。

姓名			学号		分值	自评	互评	师评
序号	考核项目		评分标准					
1	学习态度		是否守纪（不迟到、不早退、不高声说话、不串岗）		5			
			在任务实施过程中表现出积极性、主动性和发挥作用		5			
2	学习方法		是否运用各种资料提取信息进行学习，获得新知识		2			
			在任务实施过程中，是否发现问题、分析问题和解决问题		3			
			是否认真分析任务		3			
			是否认真将资料完整归档		2			
3	任务完成情况		能否按要求正确使用机器人		20			
			能否独立完成程序的编程与调试		20			
			能否按任务要求完成作业		30			
4	职业素养		团队关系融洽，共同制订计划完成任务		2			
			发现问题协商解决，认真对待他人意见		2			
			主动沟通，语言表达流利		2			
			具备安全防护与环保意识		2			
			做好6S（整理、整顿、清洁、清扫、素养、安全）		2			

【想一想 练一练】

1. 主要焊接指令有哪些？

2. 拐弯区尺寸指的是什么意思？

3. 每道焊缝焊接是否都必须加入焊接开始与焊接结束指令？为什么？

任务2　V形坡口的编程与焊接

学习目标

知识目标：

1. 了解板-板 V 形坡口的编程与焊接的相关知识。

2. 掌握板-板 V 形坡口的焊前准备和装配要点。

能力目标：

1. 能进行 V 形坡口的编程与焊接。

2. 能够预防和解决焊接过程中出现的质量问题。

任务描述

某企业有一批板材焊接件需要采用 ABB 机器人进行 V 形坡口焊接，现需要机器人焊接班组的操作人员对工件进行程序编辑及焊接加工。

任务分析

在焊接 V 形坡口时，最为重要的技术难点是单面焊双面成形。单面焊双面成形是采用特殊的操作手法，在坡口背面没有任何辅助的条件下，在坡口的正面进行焊接，焊后保证坡口正反两面都能得到双面成形焊缝的一种操作方法。同时，根据焊接机器人焊接的特性和二氧化碳气体保护焊的焊接特点，要完成板-板 V 形坡口的编程与焊接，必须具有扎实的操作技能和工艺能力。

本次任务主要通过对板-板 V 形坡口的编程与焊接的介绍，让操作者和学习者能够较为清楚地了解 V 形坡口在自动化焊接编程与焊接过程中出现的问题。本次任务的重点是控制 V 形坡口在自动化焊接过程中单面焊双面成形操作技术能力。通过本次学习，掌握 V 形坡口编程与焊接的技术要点，了解和掌握 V 形坡口自动化焊接的操作技能和基础知识，提升自动化焊接的综合运用能力。

相关理论

一、板-板 V 形坡口平对接摆动焊接

平焊缝在这几种焊缝位置中是最容易焊接的一种焊接位置，它也是应用最广的一种焊缝形式。它的突出特点是操作容易、焊缝成形美观。而有时为了满足不同板厚的焊接，需要开坡口来焊接，对接接头的坡口主要有：I 形、单边 Y 形、V 形、U 形、单边 U 形、K 形、X 形、双面 U 形。

V 形坡口是较为常用的坡口形式。在 CO_2 焊接中，V 形的焊接要求单面焊双面成形。

CO_2 气体保护焊单面焊双面成形一般采用细直径焊丝、短路过渡的形式焊接。正确地选择焊接参数，是获得良好正面和背面焊缝成形的先决条件。CO_2 气体保护焊的焊接参数主要包括：焊丝直径、焊接电流、电弧电压、焊接速度、焊丝伸出长度及气体流量等。

1. 焊丝直径的选择

焊丝直径是影响单面焊双面成形的重要因素。焊丝直径的选择通常是以焊件厚度、焊接位置及生产率的要求为依据的。对于要求采用单面焊双面成形及厚度小于 6mm 的焊件和全位置焊接的焊缝，一般要求采用细直径焊丝，焊丝直径在 0.5～1.2mm 之间。

2. 焊接电流的选择

焊接电流是进行 CO_2 气体保护焊单面焊双面成形的重要焊接参数。焊接电流的大小取决于焊件的厚度坡口形式、焊丝直径及熔滴过渡形式等因素。

一定的焊丝直径，所允许的焊接电流范围很大。焊丝直径不同时，其焊接电流选择的范围亦不相同。小于 250A 的焊接电流，主要用于直径为 0.5～1.2mm 的焊丝进行短路过渡的焊接。该规范选择适当，飞溅极小，特别有利于实现单面焊双面成形，焊缝成形美观。当焊接电流高于 250A 时，无论采用哪种直径的焊丝，都很难实现短路过渡焊接。

3. 电弧电压的选择

电弧电压是影响焊接质量的重要焊接参数，它不但影响焊接过程的稳定性，而且对焊缝的成形、飞溅、焊接缺陷、短路过渡频率及焊缝力学性能都有很大影响。对单面焊双面成形来说，要获得稳定的焊接过程和良好的焊缝成形，要求电弧电压和焊接电流有良好的配合。

熔滴过渡形式与焊接电流、电弧电压、焊丝直径等焊接参数之间的关系见下表。

焊丝直径 d（mm）	焊接电流 I（A）	电弧电压 U（V）	熔滴过渡形式
0.5	30～60	14～18	短路过渡
0.8	50～100	17～21	
1.0	70～120	18～22	
1.2	90～150	19～23	
1.6	140～200	20～24	
1.2	160～350	25～38	颗粒过渡
1.6	200～500	26～40	

4. 焊接速度的选择

焊接速度对焊缝的形状、尺寸、熔深及焊缝组织等都有较大影响。随着焊接速度的增大，焊缝熔宽和熔深减小，焊接速度过快时，还会导致保护气氛的破坏，使焊缝产生气孔。对低合金钢来说，焊接速度过快，使焊缝的冷却速度也同时加快，有可能产生淬硬倾向，导致冷裂纹的产生；焊接速度过慢，又会使熔宽加大，熔池变大，温度升高，容易产生烧穿和焊缝组织粗大等缺陷，将无法实现单面焊双面成形。

5. 焊丝伸出长度的选择

焊丝伸出长度是指焊丝从导电嘴伸到焊件的距离。焊接过程中，随着焊丝伸出长度的增加，焊丝的预热状态电阻值急剧增大，焊丝熔化速度加快，可提高焊接速度。当焊丝伸出长度过大时，则焊丝发生过热而成段熔断，致使焊接过程不稳定，飞溅增大，焊缝成形不良，气体对熔池的保护也将被减弱。焊丝伸出长度过小时，则焊接电流增大，短路频率加快，并缩短了喷嘴与焊件之间的距离，使飞溅的金属物质堵塞喷嘴，影响气体的流通保护，产生气孔。实践表明，焊丝伸出长度为焊丝直径的 10 倍左右时较为适合。

6. 气体流量的选择

CO_2 气体的流量对熔池保护效果有直接影响。CO_2 气体的流量必须以排除空气对熔池的侵袭为原则进行选择。CO_2 气体流量大小和接头形式、焊接电流大小、焊接速度的快慢、焊丝伸出长度及周围环境有关。

当使用的焊接电流较大，焊接速度较快，焊丝伸出长度较大时，相应气体流量也较大；反之则较小。周围环境空气流动时应增大气体流量，当空气流动影响较大时，应终止焊接。气体流量的增大和减小是相对的。过大的 CO_2 气体流量会冲击金属熔池，使冷却作用加强，并且使保护气氛紊乱反而失去了保护作用，使焊缝产生气孔，飞溅增加，焊缝表面粗糙。CO_2 气体流量过小时，保护效果差，也易产生气孔。

二、板对接平焊半自动 CO_2 焊的特点

板对接平焊时，熔池呈悬空状态，液态金属受重力影响极易产生下坠现象，焊接过程中必须根据装配间隙及熔池温度变化情况及时调整焊枪角度、摆动幅度和焊接速度，以控制熔孔尺寸，保证试件背面形成均匀一致的焊缝。

任务准备

资料	工具	设备
1. 机器人使用说明书； 2. 安全操作规程	个人防护用品、角磨机、钢丝刷、敲渣锤、尖嘴钳、粉笔、焊缝万能量规、三角卡盘、定位块 12×300×125（mm）钢板两块等	1. IRB1410； 2. IRB1600； 3. 松下 YD-500GR 焊机； 4. 空气压缩机； 5. 半自动切割机

任务实施

第一步：组织教学

1. 互相问候，出勤点名，检查设备布置情况。

2. 检查学生的劳动保护用品的穿戴及安全防护情况。

3. 设备、工量具及场地安全检查。

4. 安排操作工位，领取工件。

第二步：教学内容

一、焊前准备工作

1. 选用 δ＝10～14mm 的低碳钢板，其尺寸为 12×300×125，采用半自动气割坡口。坡口角度为 60°，如图 2-3-2-1 所示。

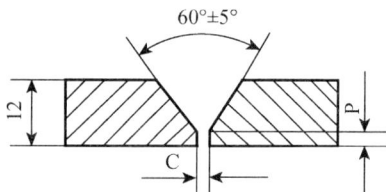

图 2-3-2-1　坡口角度

加工试件参考标准来自于《材料与焊接规范》，本任务试件见下表。

试件材料	焊接方法	试件尺寸（mm）	
钢材	半自动焊	长度 L≥300	宽度 b＝125

2. 用锉刀或角磨机清理坡口内及坡口正反边缘 20mm 范围内的锈蚀、油污直至焊接表面露出金属光泽，并锉出合适的钝边，钝边 p 为 1～2mm。

3. 选择焊机并检查，调试工艺参数，同时检查焊丝质量。

4. 准备工作服、手套、护脚、面罩等。

二、装配及定位焊要求

装配：为了保证焊透及防止错边可预留 2～4mm 的间隙。

定位焊：定位焊缝应在试件背面的两面端头处，始焊端可少焊些，终焊端应多焊些，防止在施焊过程中开裂、变形，定位焊点不超过 20mm。为保证试件焊后没有角度形，试件装配完后，应预反变形，反变形角度应为 3°～4°，如图 2-3-2-2 所示。

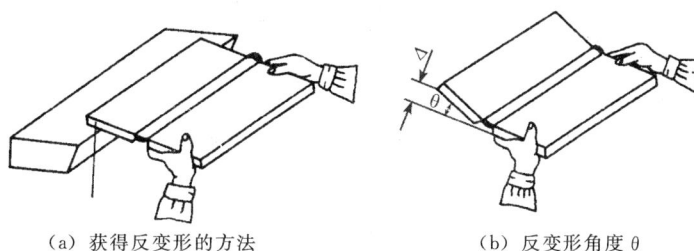

(a) 获得反变形的方法　　　(b) 反变形角度 θ

图 2-3-2-2　反变形

三、焊接工艺参数的选择

焊接层数	焊丝直径（mm）	焊接电流（A）	电弧电压（V）	摆动宽度（mm）
打底焊	φ1.2	100～110	18～22	4～6
填充焊	φ1.2	120～150	20～26	6～8
盖面焊	φ1.2	120～150	20～26	>10

注：电流电压匹配公式 $I<300A$ 时 $U=0.04I+16\pm2$；$I>300A$ 时 $U=0.04I+20\pm2$

焊道分布：单面焊四层四道，如图 2-3-2-3 所示。

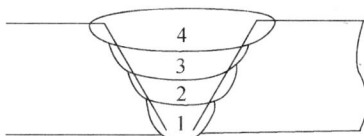

图 2-3-2-3　焊道分布

四、操作步骤及要领

1. 程序编程

①先确定工件的位置并夹紧，后确定焊接顺序。

②程序编程时应注意焊枪姿态的变化，需要留有一定量的移动指令供姿态的转换。

③程序中空间移动距离较大的时候，应选用较大的移动距离以提高加工效率。

④程序中的外部轴激活指令需要放在整个程序的最前面，否则会运行错误。

2. 修改目标点

①手动操纵机器人到指定目标点时应注意使用"线性"模式与"重定位"模式结合运动。

②焊接圆弧时注意两点间的距离不能太小。

③定点前应把焊丝剪到合适的长度，然后重新定义工具中心点（TCP）。

④程序中的工具应与手动操纵的活动工具保持一致，否则将无法修改目标点位置。

⑤修改目标点时焊枪姿势一定要摆好，否则影响焊缝质量。

3. 模拟运行程序

①将焊接电源关闭并且把焊接功能锁定，若不锁定焊接功能机器人将无法运行。

②先单步执行程序，确定各点位置正确后再连续运行。

4. 试件焊接

①焊机电源打开，启动焊接功能。

②焊接前应注意检查保护气体开关是否为开启状态。

③手动运行程序焊接时注意按稳"使能器"，防止焊接过程断弧影响焊接质量。

④焊接过程中可能会因为焊枪姿态变化过大或者焊接参数等原因造成断弧，这时不要急于停止，应让机器人正常运行下去，机器人会重新起弧焊接。

⑤断弧而且重新起弧三次后还不能正常焊接时应停止运行程序检查断弧原因。

5. 参数调整及位置微调

根据焊缝成形情况与焊缝位置修改相应焊接参数与目标点位置。

6. 自动焊接

将焊接机器人调至"自动模式"，检查周围有无其他人员或障碍物，确定无误后按下操作面板启动按钮。

五、机器人编程与调试

```
PROC V xingpokou      MoveAbsJ jpos10 \\NoEOffs,V1000 , z0 ,Torch1;

    MoveJ g10, v1000, z50, Torch1;

    MoveJ g20, v1000, z50, Torch1;

    ArcLStart g30, v200, seam1, weld1,weave\\weave1, fine, Torch1;

    ArcL g40,v200, seam1, weld1, weave\\weave1, fine, Torch1;

    ArcL g50,v200, seam1, weld1, weave\\weave1, fine, Torch1;

    ArcLEndg60,v200,seam1, weld1, weave\\weave1, fine, Torch1;

    MoveJ g70, v200, z50, Torch1;

    MoveJ g80, v200, z50, Torch1;

    MoveAbsJ jpos10\\NoEOffs, v1000, z0, Torch1;

    Stop;

ENDPROC
```

六、焊接质量要求

<table>
<tr><th colspan="7">产品外观质量评价表</th></tr>
<tr><th rowspan="2">检查项目</th><th rowspan="2">标准、分数</th><th colspan="4">焊 缝 等 级</th><th rowspan="2">实际
得分</th></tr>
<tr><th>I</th><th>II</th><th>III</th><th>IV</th></tr>
<tr><td rowspan="2">焊缝余高</td><td>标准（mm）</td><td>0～2</td><td>＞2，≤3</td><td>＞3，≤4</td><td>＞4，＜0</td><td></td></tr>
<tr><td>分 数</td><td>10</td><td>8</td><td>6</td><td>0</td><td></td></tr>
<tr><td rowspan="2">焊缝高低差</td><td>标准（mm）</td><td>≤1</td><td>＞1，≤2</td><td>＞2，≤3</td><td>＞3</td><td></td></tr>
<tr><td>分 数</td><td>10</td><td>8</td><td>6</td><td>0</td><td></td></tr>
</table>

检查项目	标准、分数	焊　缝　等　级				实际得分
		Ⅰ	Ⅱ	Ⅲ	Ⅳ	
焊缝宽度	标准（mm）	≤20	>20，≤21	>21，≤22	>22	
	分　数	10	8	5	0	
焊缝宽窄差	标准（mm）	≤1.5	>1.5，≤2	>2，≤3	>3	
	分　数	10	8	6	0	
咬　边	标准（mm）	0	深度≤0.5且长度≤15	深度≤0.5长度>15，≤30	深度>0.5或长度>30	
	分　数	10	8	6	0	
未焊透	标准（mm）	0	深度≤0.5且长度≤15	深度≤0.5长度>15，≤30	深度>0.5或长度>30	
	分　数	10	8	6	0	
角变形	标准（mm）	0~1	≥1，≤3	>3，≤5	>5	
	分　数	10	8	6	0	
错边量	标准（mm）	0	≤0.7	>0.7，≤1.2	>1.2	
	分　数	10	8	6	0	
重要尺寸	标准（mm）	0~0.5	0.5~1	1~2	>2	
	分　数	10	8	6	0	
焊缝正面外表成形		优	良	一般	差	
	标准（mm）	成形美观，焊纹均匀细密，高低宽窄一致	成形较好，焊纹均匀，焊缝平整	成形尚可，焊缝平直	焊缝弯曲，高低宽窄明显，有表面焊接缺陷	
	分　数	10	8	6	0	
注：1.焊缝未盖面、焊缝表面及根部已修补或试件做舞弊标记则该单项作0分处理。 2.凡焊缝表面有裂纹、夹渣、未熔合、气孔、焊瘤等缺陷之一的，该试件外观为0分。					总分	

要求：

（1）表面焊缝与母材圆滑过渡，咬边深度小于0.5mm。

（2）焊缝宽度≤原坡口宽度＋5mm，宽度差≤3mm，焊缝余高0~2mm，余高差≤2mm。

（3）焊缝边缘直线度≤2mm。

（4）工件表面非焊道上不应有引弧痕迹。

（5）焊缝周围不得有飞溅。

七、安全注意事项

（1）焊工工作时必须穿绝缘鞋，戴皮手套，以防触电。

（2）气割时，应戴上护目镜，防止焊渣溅入眼内。

（3）气割下料时，气瓶附近应留一定的气带余量，防止拉倒气瓶，损坏减压器。

（4）电焊工敲渣时，应戴眼镜或用面罩挡住，以免焊渣溅入眼内或灼伤皮肤。

检查评议

根据本次任务的完成情况，依据任务的要求，要求完成以下评价。

姓名		学号		分值	自评	互评	师评
序号	考核项目		评分标准	分值	自评	互评	师评
1	学习态度	是否守纪（不迟到、不早退、不高声说话、不串岗）		5			
		在任务实施过程中表现出积极性、主动性和发挥作用		5			
2	学习方法	是否运用各种资料提取信息进行学习，获得新知识		2			
		在任务实施过程中，是否发现问题、分析问题和解决问题		3			
		是否认真分析任务		3			
		是否认真将资料完整归档		2			
3	任务完成情况	能否按要求正确使用机器人		20			
		能否独立完成程序的编程与调试		20			
		能否按任务要求完成作业		30			
4	职业素养	团队关系融洽，共同制订计划完成任务		2			
		发现问题协商解决，认真对待他人意见		2			
		主动沟通，语言表达流利		2			
		具备安全防护与环保意识		2			
		做好6S（整理、整顿、清洁、清扫、素养、安全）		2			

【想一想　练一练】

1. 对接接头的坡口形式主要有哪些？
2. 二氧化碳焊接主要有哪些焊接参数？
3. 板-板 V 形坡口对接平焊的装配要求是什么？

任务3　管板对接焊的编程与焊接

学习目标

知识目标：

1. 了解管板对接焊相关焊接知识。
2. 掌握管板对接焊的自动化焊接。

能力目标：

1. 能进行管板对接焊的自动化编程与焊接。
2. 对管板对接焊可焊性进行分析并选择合适的工艺参数。

任务描述

某企业有一批管板对接焊接件需要采用 ABB 机器人进行焊接，现需要机器人焊接班组的操作人员对工件进行程序编辑及焊接加工。

任务分析

要较好完成管板对接焊的自动化焊接，一定要具备一定的焊接专业知识，同时需要有扎实的动手操作能力。管板对接焊目前在制造业生产制造过程中都有着较为广泛的应用，也容易实现自动化的焊接。本次以管板对接焊作为主要的教学任务，针对其特点展开工艺分析，以动手操作增强操作能力。本次任务的设立，让学员在学习中与企业的生产有所联系，提高他们的综合素质。

本任务要求根据图纸的技术要求及评分表的要求，让学员根据已掌握的工艺知识对任务课题项目的特点进行可焊性分析，合理选择工艺参数，并对实习件正确装配和焊接。重点是掌握管板对接自动化的操作技能，并制订正确的焊接工艺参数。通过本任务学习，进一步提高自动化焊接编程与焊接操作技术，以适应高质量焊件的生产操作。

相关理论

一、管板对接接头的分类

固定管板焊接根据接头形式不同，可分为插入式管板和骑坐式管板两类。一般要求根部焊透，保证背面成形，正面焊脚对称。根据空间位置的不同，每类管板又可分为垂直固定俯焊、垂直固定仰焊和水平固定全位置焊三种。图 2-3-3-1 为骑座式和插入式两种类型。

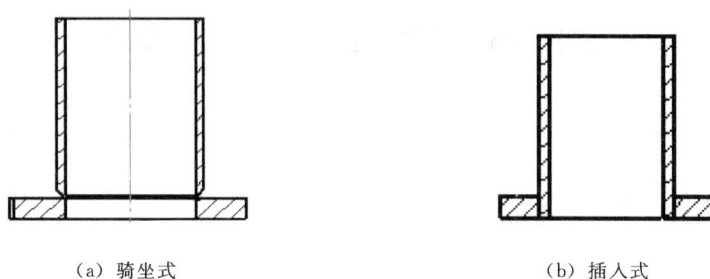

（a）骑坐式　　　　　　　　　　　　　　　　　（b）插入式

图 2-3-3-1　骑坐式与插入式管板

焊接机器人在焊接时，最为常用的位置为平位置焊接。因此，本任务主要以垂直固定俯焊的骑座式管板对接焊进行讲解。

二、Q235 的焊接性分析

普通的管板对接焊主要是以 Q235 钢作为焊接材料。Q235 由于低碳钢含碳量低，锰、硅含量也少，所以，通常情况下不会因焊接而产生严重硬化组织或淬火组织。低碳钢焊后的接头塑性和冲击韧度良好，焊接时，一般不需预热、控制层间温度和后热，焊后也不必采用热处理改善组织，整个焊接过程不必采取特殊的工艺措施，焊接性优良。

但在少数情况下，焊接时也会出现困难：

1. 采用旧冶炼方法生产的转炉钢含氮量高，杂质含量多，从而冷脆性大，时效敏感性增加，焊接接头质量降低，焊接性变差。

2. 沸腾钢脱氧不完全，含氧量较高，P 等杂质分布不均，局部地区含量会超标，时效敏感性及冷脆敏感性大，热裂纹倾向也增大。

3. 采用质量不符合要求的焊条，使焊缝金属中的碳、硫含量过高，会导致产生裂纹。如某厂采用酸性焊条焊接 Q235-A 钢时，因焊条药皮中锰、铁的含碳量过高，会引起焊缝产生热裂纹。

4. 某些焊接方法会降低低碳钢焊接接头的质量。如电渣焊，由于线能量大，会使焊接热影响区的粗晶区晶粒长得十分粗大，引起冲击韧度的严重下降，焊后必须进行细化晶粒的正火处理，以提高冲击韧度。

总之，低碳钢属于焊接性最好、最容易焊接的钢种，所有焊接方法都能适用于低碳钢的焊接。

三、其他相关工艺

由于机器人采用平位置焊接，焊缝处于平角位置，有利于熔滴过渡。但是，管和孔板厚度不同，承载热量的能力不同，散热和熔化存在较大差异，如果运条不当，管内侧焊缝易产生内凹，孔板侧易产生未焊透、未熔合等缺陷；管外侧易产生咬边，孔板侧易产生下坠，甚至焊瘤。

操作中，打底焊枪应指向孔板，控制电弧在管侧和板侧停顿时间，并随焊缝不断调整焊条角度，保证均匀运条。

任务准备

资料	工具	设备
1. 机器人使用说明书； 2. 安全操作规程	个人防护用品、钢丝刷、敲渣锤、尖嘴钳、粉笔、焊缝万能量规、三角卡盘、定位块、12×100×100（mm）钢板两块、Φ60mm钢管等	1. IRB1410； 2. IRB1600； 3. 松下 YD-500GR 焊机； 4. 空气压缩机； 5. 半自动切割机

第一步：组织教学

1. 互相问候，出勤点名，检查设备布置情况。

2. 检查学生的劳动保护用品的穿戴及安全防护情况。

3. 设备、工量具及场地安全检查。

4. 安排操作工位，领取工件。

第二步：教学内容

一、焊前准备工作

1. 焊件孔板材料为 Q235 钢板，长×宽×高为 100mm×100mm×12mm，孔板中心按管子内径钻通孔。管子材料为 Q235 钢管，壁厚 5～6mm，直径 60mm，长 100mm，由一块孔板和一根管子组成一组。钢管开 30°坡口。

2. 用锉刀或角磨机清理管子及孔板的坡口范围 20mm 及内外表面上的油污、锈蚀及其他污物，至露出金属光泽，并将钢管锉出合适的钝边，钝边 p 为 0.5～1mm。

3. 选择焊机并检查，调试工艺参数，同时检查焊丝质量。

4. 准备工作服、手套、护脚、面罩等。

二、装配及定位焊要求

装配：装配时应保证管子内壁与板孔同心，不错边。

定位焊：定位焊可采用两点固定，焊缝长度不得超过 10mm，根部间隙3～3.5mm，如图 2-3-3-2 所示。

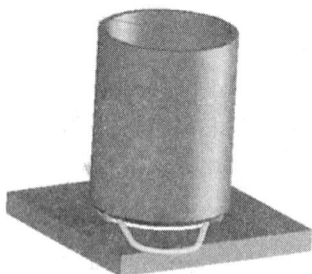

图 2-3-3-2　装配图

三、焊接工艺参数的选择

骑坐式管板垂直俯位焊焊接工艺参数见下表。

焊接层数	焊丝直径（mm）	焊接电流（A）	电弧电压（V）
打底	φ1.0	100～110	18～22
盖面	φ1.0	130～150	20～26

四、操作步骤及要领

1. 程序编程

①先确定工件的位置并夹紧，后确定焊接顺序。

②程序编程时应注意焊枪姿态的变化，需要留有一定量的移动指令供姿态的转换。

③程序中空间移动距离较大的时候，应选用较大的移动距离以提高加工效率。

④程序中的外部轴激活指令需要放在整个程序的最前面，否则会运行错误。

2. 修改目标点

①手动操纵机器人到指定目标点时应注意使用"线性"模式与"重定位"模式结合运动。

②焊接圆弧时注意两点间的距离不能太小。

③定点前应把焊丝剪到合适的长度，然后重新定义工具中心点（TCP）。

④程序中的工具应与手动操纵的活动工具保持一致，否则将无法修改目标点位置。

⑤修改目标点时焊枪姿势一定要摆好，否则影响焊缝质量。

3. 模拟运行程序

①将焊接电源关闭并且把焊接功能锁定，若不锁定焊接功能机器人将无法运行。

②先单步执行程序，确定各点位置正确后再连续运行。

4. 试件焊接

①焊机电源打开，启动焊接功能。

②焊接前应注意检查保护气体开关是否为开启状态。

③手动运行程序焊接时注意按稳"使能器"，防止焊接过程断弧影响焊接质量。

④焊接过程中可能会因为焊枪姿态变化过大或者焊接参数等原因造成断弧，这时不要急于停止，应让机器人正常运行下去，机器人会重新起弧焊接。

⑤断弧而且重新起弧三次后还不能正常焊接时应停止运行程序检查断弧原因。

5. 参数调整及位置微调

根据焊缝成形情况与焊缝位置修改相应焊接参数与目标点位置。

6. 自动焊接

将焊接机器人调至"自动模式"，检查周围有无其他人员或障碍物，确定无误后按下操作面板启动按钮。

五、机器人编程与调试

```
PROC guanbanjian(   )
    MoveJ g10, v1000, z50, Torch1;
    MoveJ g20, v1000, z50, Torch1;
    ArcLStart g30, v200, seam2, weld2, fine, Torch1;
    ArcC g40,g50, v200, seam2, weld2, z10, Torch1;
    ArcC g60,g70, v200, seam2, weld2, z10, Torch1;
    ArcC g70, v200, seam2, weld2, z10, Torch1;
    ArcCEnd g80, v200, seam1, weld1, fine, Torch1;
    MoveJ g90, v200, z50, Torch1;
    MoveJ g100, v200, z50, Torch1;
    MoveAbsJ jpos10\\NoEOffs, v1000, z0, Torch1;
    Stop;
ENDPROCENDPROC
```

六、焊接质量检验标准

		序号	缺陷名称	合格标准	缺陷情况	合格范围内的扣分标准	扣分
外观检查	外观缺陷	1	裂纹焊瘤未熔合	不允许			
		2	咬边	深度≤0.5mm 总长≤32mm		每4mm扣1分	
		3	未焊透	深度≤0.7mm 总长≤16mm		每3mm扣1分	
		4	背面凹坑	深度≤1mm 总长≤16mm		每4mm扣1分	

续表

	序号	缺陷名称	合格标准	缺陷情况	合格范围内的扣分标准	扣分
	5	表面气孔	允许≤1.5mm 的气孔 4 个		每个扣 2 分	
	6	夹渣	深≤1mm，长≤1.5mm，不超过 3 个		每个扣 2 分	
外形尺寸	序号	名称	合格标准	实测尺寸	合格范围内的扣分标准	
	1	焊脚尺寸	8~11mm		不扣分	
	2	焊脚凹凸度	≤1.5mm		不扣分	
通检	球验	合格标准			检验结果	
		顺利通过直径是 42.5mm 的球为合格				
宏观金相观	序号	缺陷名称	合格标准	缺陷情况	合格范围内的扣分标准	扣分
	1	裂纹未熔合	不允许			
	2	气孔或夹渣	>1.5mm 不允许			
			>0.5mm 且≤1.5mm，允许 1 个		每一个检查面有这项缺陷扣 3 分	
			≤0.5mm，允许 3 个		每一个检查面有这项缺陷扣 3 分	

七、安全注意事项

（1）焊工工作时必须穿绝缘鞋，戴皮手套，以防触电。

（2）气割时，应戴上护目镜，防止焊渣溅入眼内。

（3）气割下料时，气瓶附近应留一定的气带余量，防止拉倒气瓶，损坏减压器。

（4）电焊工敲渣时，应戴眼镜或用面罩挡住，以免焊渣溅入眼内或灼伤皮肤。

检查评议

根据本次任务的完成情况，依据任务的要求，要求完成以下评价。

姓名			学号		分值	自评	互评	师评
序号	考核项目		评分标准					
1	学习态度		是否守纪（不迟到、不早退、不高声说话、不串岗）		5			
			在任务实施过程中表现出积极性、主动性和发挥作用		5			
2	学习方法		是否运用各种资料提取信息进行学习，获得新知识		2			
			在任务实施过程中，是否发现问题、分析问题和解决问题		3			
			是否认真分析任务		3			
			是否认真将资料完整归档		2			
3	任务完成情况		能否按要求正确使用机器人		20			
			能否独立完成程序的编程与调试		20			
			能否按任务要求完成作业		30			
4	职业素养		团队关系融洽，共同制订计划完成任务		2			
			发现问题协商解决，认真对待他人意见		2			
			主动沟通，语言表达流利		2			
			具备安全防护与环保意识		2			
			做好6S（整理、整顿、清洁、清扫、素养、安全）		2			

【想一想 练一练】

1. 管板对接接头是怎样分类的？
2. 管板对接自动化焊接过程中容易出现什么问题？
3. 焊接编程时的注意事项是什么？

任务4 钢管对接焊的编程与焊接

学习目标

知识目标：

1. 了解钢管对接焊相关焊接知识。

2. 掌握钢管对接焊的自动化焊接。

能力目标：

1. 能进行钢管对接焊的自动化编程与焊接。

2. 能叙述钢管对接焊的焊接缺陷及防止措施。

任务描述

某企业有一批钢管焊接件需要采用ABB机器人进行焊接，现需要机器人焊接班组的操作人员对工件进行程序编辑及焊接加工。

任务分析

钢管的焊接在当今有着较为广泛的应用，随着自动化焊接的不断发展，管对接焊在现今主要采用自动化焊接。自动化焊接钢管不仅焊缝外观成形美观，而且焊接质量得到了较大的保障，同时也大大提高了焊接效率。本次任务主要对钢管V形坡口对接焊的自动化焊接进行讲解，让学员对钢管对接自动化焊接有更深的了解。

本任务先通过对钢管对接焊基本知识进行讲解，让学员对钢管对接焊有初步的了解。根据本次学习任务的要求，对钢管对接自动化焊接进行学习，掌握钢管对接焊的自动化编程与焊接以及自动化操作技巧。学员根据已掌握的工艺知识对任务的要求进行分析，对实习件正确装配和焊接。重点是掌握钢管对接焊的自动化操作技能，并制订正确的焊接工艺参数。通过本任务学习，进一步提高自动化焊接编程与焊接操作技术。

相关理论

一、钢管V形坡口对接焊

焊接位置主要有以下几种：平焊、立焊、仰焊、横焊。由于自动化焊接的特殊要求，钢管自动化焊接主要采用平位置焊接。

钢管的焊接可以采用直接对焊、坡口对焊、衬圈对焊以及封底对焊等形式。本次任务主要是采用V形坡口对接焊。图2-3-4-1为钢管V形坡口对接。

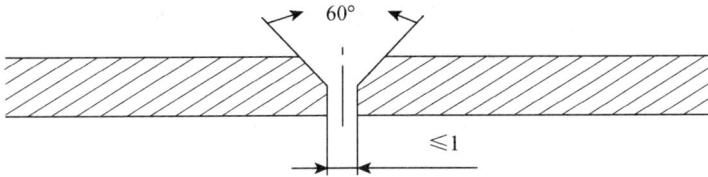

图 2-3-4-1　钢管 V 形坡口对接

二、钢管 V 形坡口对接焊的相关工艺

管的单面焊双面成形焊接工艺是在接缝间隙处依靠控制熔池金属的操作技术来实现单面焊接，正、反双面成形。焊接时随着电弧热源的稳定，液态金属熔池沿前端线熔化，沿后端线结晶，高温液态熔池处于悬空状态。

影响管的单面焊双面成形主要有以下几种工艺因素：

1. 坡口形式及组装

自动化对坡口形式和组装的要求较为严格。对接焊缝的坡口形式以及尺寸包括角度、钝边和装配间隙。坡口角度主要影响电弧是否能深入到焊缝的根部，使根部焊透，进而获得较好的焊缝成形和焊接质量。保证电弧能够深入到焊缝根部的前提下，应尽量减小坡口角度。钝边的大小可以直接影响根部的熔透深度，钝边越大，越不容易焊透。钝边小或无钝边时容易焊透，但装配间隙大时，容易烧穿。如图 2-3-4-2 所示。

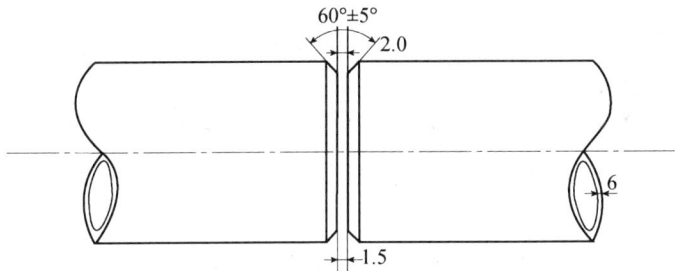

图 2-3-4-2　坡口形式

装配间隙是背面焊缝成形的关键参数，间隙过大，容易烧穿；间隙过小，很难焊透。

2. 焊接电流的选择

焊接电流是确定熔深的主要因素，当焊接电流过大时，则焊缝背面容易烧穿、出现咬边、焊瘤，甚至产生严重的飞溅和气孔等缺陷；电流过小时，容易出现未熔合、未焊透、夹渣和成形不好等缺陷。当选用直径为 1.2mm 焊丝，单面焊双面成形的焊接电流为 90～120A 较为合适。因此，焊接电流的大小直接影响焊缝的成形以及焊接缺陷的产生。

3. 焊接电压的选择

在短路过渡的情况下，电弧电压增加则弧长增加。电弧电压过低时，焊丝将插入熔池，电弧变得不稳定。所以电弧电压一定要选择合适，通常焊接电流小，则电弧电压低；电流大，则电弧电压高。焊接电流与电弧电压见下表。

电流（A）	80～90	90～110	110～150
电压（V）	18～19	19～20	20～22

4. 焊接速度的选择

当焊丝直径、焊接电流和电压为定值时，熔深、熔宽及余高随着焊接速度的增大而减小。如果焊接速度过快，容易使气体的保护作用受到破坏，焊缝冷却的速度太快，焊缝成形不好；焊接速度太慢，焊缝的宽度显著增大，熔池的热量过分集中，容易烧穿或产生焊瘤。

5. 焊丝伸出长度的控制

焊丝伸出长度对焊接过程的稳定性影响比较大，当伸出长度过大时，焊丝的电阻值增大，焊丝过热而成段熔化，结果使焊接过程不稳定，金属飞溅严重，焊缝成形不好，气体对熔池的保护也不好；如果焊丝伸出长度过短，则焊接电流增大，喷嘴与工件的距离缩短，焊接的视线不清楚，易造成焊道成形不良，并使得喷嘴过热，造成飞溅物粘住或堵塞喷嘴，从而影响气体流通。因此，焊丝伸出长度一般选择焊丝直径的10倍为最佳伸出长度。一般为 L=（10～12）d。

三、钢管 V 形坡口对接自动化焊接缺陷及防止措施

焊接缺陷的出现减弱了焊缝的有效面积，降低了焊接接头的力学性能，而且易造成应力集中，引起裂纹，导致结构破坏，使焊接结构无法承受正常工作载荷。钢管 V 形坡口对接自动化焊接常见缺陷及防止措施介绍如下。

1. 咬边

由于焊接参数选择不适当，或者操作方法不正确，沿焊趾的母材部位产生的沟槽或者凹陷称为咬边。产生原因：采用大电流高速焊接、电压过大或者焊接机器人焊枪角度不正确。防止措施：选择正确的焊接参数，熟悉焊接机器人的操作技能。

2. 未焊透和未熔合

未焊透和未熔合处容易出现应力集中，使接头力学性能下降。产生原因：焊接电流过小、速度过高，坡口尺寸不合适及焊丝偏离焊缝中心，或受磁力，焊件清理不干净等因素。防止措施：正确选择焊接参数、坡口形式及装配尺寸，注意坡口两侧及焊道层间清理。

3. 焊穿及塌陷

焊缝形成穿孔的现象称为焊穿，熔化的金属从背面流出，使得焊缝正面下凹，背面凸起的现象称为塌陷。防止措施：选择正确的焊接参数。

4. 未焊满

未焊满是指焊缝表面上连续的或断续的沟槽。填充金属不足是产生未焊满的根本原因。未焊满同样削弱了焊缝，容易产生应力集中。同时，由于冷却速度增大，容易带来气孔、裂纹等。防止措施：减小焊接速度。

任务准备

资料	工具	设备
1. 机器人使用说明书； 2. 安全操作规程	个人防护用品、钢丝刷、敲渣锤、尖嘴钳、粉笔、焊缝万能量规、三角卡盘、定位块、Φ60×6mm 钢管一对等	1. IRB1410； 2. IRB1600； 3. 松下 YD-500GR 焊机； 4. 空气压缩机； 5. 半自动切割机

任务实施

第一步：组织教学

1. 互相问候，出勤点名，检查设备布置情况。

2. 检查学生的劳动保护用品的穿戴及安全防护情况。

3. 设备、工量具及场地安全检查。

4. 安排操作工位，领取工件。

第二步：教学内容

一、焊前准备工作

1. 用火焰切割机将两钢管开 30°坡口。

2. 用锉刀或角磨机清理管坡口内及坡口两侧 20mm 范围内的油污、锈蚀、水及其他污物，直至露出金属光泽，并将钢管锉出合适的钝边，钝边 p 为 0.5～1mm。

3. 选择焊机并检查，调试工艺参数，同时检查焊丝质量。

4. 准备工作服、手套、护脚、面罩等。

二、装配及定位焊要求

装配：将工件放置于平台上进行装配，装配间隙为 2mm，错边为≤0.5mm。

定位焊：采用焊正式焊缝用的焊材进行定位焊。定位焊缝长度为 10～15mm。要求焊透，并不得有气孔、夹渣、未焊透等缺陷。

装配示意图：（如图 2-3-4-3 所示）

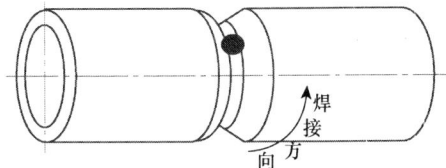

图 2-3-4-3　装配图

安装：将点焊好的工件安装到机器人的旋转工作台上，安装时注意使用定位块定位。

三、焊接工艺参数的选择

由于是采用焊接机器人焊接，可一次性焊接成形，不需要多层焊接。焊接参数见下表。

焊丝直径（mm）	焊接电流（A）	电弧电压（V）	焊接速度（mm/s）
φ1.2	100～120	18～22	4～6

四、操作步骤及要领

1. 程序编程

①先确定工件的位置并平紧，后确定焊接顺序。

②程序编程时应注意焊枪姿态的变化，需要留有一定量的移动指令供姿态的转换。

③程序中空间移动距离较大的时候，应选用较大的移动距离以提高加工效率。

④程序中的外部轴激活指令需要放在整个程序的最前面，否则会运行错误。

2. 修改目标点

①手动操纵机器人到指定目标点时应注意使用"线性"模式与"重定位"模式结合运动。

②焊接圆弧时注意两点间的距离不能太小。

③定点前应把焊丝剪到合适的长度，然后重新定义工具中心点（TCP）。

④程序中的工具应与手动操纵的活动工具保持一致，否则将无法修改目标点位置。

⑤修改目标点时焊枪姿势一定要摆好，否则影响焊缝质量。

3. 模拟运行程序

①将焊接电源关闭并且把焊接功能锁定，若不锁定焊接功能机器人将无法运行。

②先单步执行程序，确定各点位置正确后再连续运行。

4. 试件焊接

①焊机电源打开，启动焊接功能。

②焊接前应注意检查保护气体开关是否为开启状态。

③手动运行程序焊接时注意按稳"使能器"，防止焊接过程断弧影响焊接质量。

④焊接过程中可能会因为焊枪姿态变化过大或者焊接参数等原因造成断弧，这时不要急于停止，应让机器人正常运行下去，机器人会重新起弧焊接。

⑤断弧而且重新起弧三次后还不能正常焊接时应停止运行程序检查断弧原因。

5. 参数调整及位置微调

根据焊缝成形情况与焊缝位置修改相应焊接参数与目标点位置。

6. 自动焊接

将焊接机器人调至"自动模式"，检查周围有无其他人员或障碍物，确定无误后按下操作面板启动按钮。

五、机器人编程与调试

```
PROC gangguan(   )

    ActUnit STN1;

    MoveJ g10, v1000, z0, tool1\\WObj: = wobjSTN1;

    MoveJ g20, v500, z0, tool1\\WObj: = wobjSTN1;

    ArcLStart g30, v300, seamgg, weldgg1, fine, tool1\\WObj: = wobjSTN1;

    ArcC g40, g50, v300, seamgg, weldgg1, fine, tool1\\WObj: = wobjSTN1;

    ArcC g60,g70, v300, seamgg, weldgg2, fine, tool1\\WObj: = wobjSTN1;

    ArcC g80,g90, v300, seamgg, weldgg3, fine, tool1\\WObj: = wobjSTN1;

    ArcCEnd g100,g110, v300, seamgg, weldgg4, fine, tool1\\WObj: = wobjSTN1;

    MoveJ g120, v300, z0, tool1\\WObj: = wobjSTN1;

    MoveJ g130, v300, z0, tool1\\WObj: = wobjSTN1;

    MoveJ g140 v300, z0, tool1\\WObj: = wobjSTN1;

    ArcLStart g150, v300, seamgg, weldggy, fine, tool1\\WObj: = wobjSTN1;

    ArcC g160,g170, v300, seamgg, weldggy, fine, tool1\\WObj: = wobjSTN1;

    ArcC g180,g190, v300, seamgg, weldggy, fine, tool1\\WObj: = wobjSTN1;

    ArcCEnd g200,g210, v300, seamgg, weldggy, fine, tool1\\WObj: = wobjSTN1;

    MoveJ g220, v300, z0, tool1\\WObj: = wobjSTN1;

    MoveAbsJ jpos10\\NoEOffs, v1000, z0, tool1\\WObj: = wobjSTN1;

ENDPROC
```

六、焊接质量检验标准

		序号	缺陷名称	合格标准	缺陷情况	合格范围内的扣分标准	扣分
外观检查	外观缺陷	1	裂纹焊瘤未熔合	不允许			
		2	咬边	深度≤0.5mm 总长≤32mm		每4mm扣1分	
		3	未焊透	深度≤0.7mm 总长≤16mm		每3mm扣1分	
		4	背面凹坑	深度≤1mm 总长≤16mm		每4mm扣1分	

续表

	序号	缺陷名称	合格标准	缺陷情况	合格范围内的扣分标准	扣分
	5	表面气孔	允许≤1.5mm 的气孔 4 个		每个扣 2 分	
	6	夹渣	深≤1mm，长≤1.5mm，不超过 3 个		每个扣 2 分	

外形尺寸	序号	名称	合格标准	实测尺寸	合格范围内的扣分标准	
	1	焊脚尺寸	8～11mm		不扣分	
	2	焊脚凹凸度	≤1.5mm		不扣分	

通检	球验	合格标准		检验结果	
		顺利通过直径是 42.5mm 的球为合格			

	序号	缺陷名称	合格标准	缺陷情况	合格范围内的扣分标准	扣分
宏观金相观	1	裂纹未熔合	不允许			
	2	气孔或夹渣	>1.5mm 不允许			
			>0.5mm 且≤1.5mm，允许 1 个		每一个检查面有这项缺陷扣 3 分	
			≤0.5mm，允许 3 个		每一个检查面有这项缺陷扣 3 分	

七、安全注意事项

（1）焊工工作时必须穿绝缘鞋，戴皮手套，以防触电。

（2）气割时，应戴上护目镜，防止焊渣溅入眼内。

（3）气割下料时，气瓶附近应留一定的气带余量，防止拉倒气瓶，损坏减压器。

（4）电焊工敲渣时，应戴眼镜或用面罩挡住，以免焊渣溅入眼内或灼伤皮肤。

（5）在焊接时，由于机器人需要变位转动，操作者不能站在指定区域之内。

检查评议

根据本次任务的完成情况，依据任务的要求，要求完成以下评价。

姓名			学号		分值	自评	互评	师评
序号	考核项目		评分标准					
1	学习态度		是否守纪（不迟到、不早退、不高声说话、不串岗）		5			
			在任务实施过程中表现出积极性、主动性和发挥作用		5			
2	学习方法		是否运用各种资料提取信息进行学习，获得新知识		2			
			在任务实施过程中，是否发现问题、分析问题和解决问题		3			
			是否认真分析任务		3			
			是否认真将资料完整归档		2			
3	任务完成情况		能否按要求正确使用机器人		20			
			能否独立完成程序的编程与调试		20			
			能否按任务要求完成作业		30			
4	职业素养		团队关系融洽，共同制订计划完成任务		2			
			发现问题协商解决，认真对待他人意见		2			
			主动沟通，语言表达流利		2			
			具备安全防护与环保意识		2			
			做好 6S（整理、整顿、清洁、清扫、素养、安全）		2			

【想一想　练一练】

1. 钢管对接焊的装配有什么要求？

2. 影响钢管对接焊的因素有哪些？

3. 钢管对接焊时容易出现的焊接缺陷及防止措施是什么？

参考文献

[1]叶晖.工业机器人实操与应用技巧[M].北京:机械工业出版社,2010,27～50.
[2]陈裕川.现代焊接生产实用手册[M].北京:机械工业出版社,2005.3,596～632.
[3]ABB焊接机器人使用说明书,2010.